The Year Without Pants
WordPress.com and the Future of Work

不穿褲子工作的一年

WordPress.com 遠距團隊幕後及工作未來

史考特‧勃肯
Scott Berkun

———

楊詠翔 譯

目錄
CONTENTS

PAGE

事前須知　004

CHAPTER

1　厄勒克特拉飯店　006

2　上工第一天　014

3　星期貓票券　028

4　文化永遠會獲勝　040

5　您的會議

　　將以打字進行　058

6　人教堂小市集　074

7　重要談話　088

8　工作大未來 (一)　100

9　經營團隊　112

10　如何放火　128

11　會發布作品

　　才是真正的

　　藝術家　144

12　雅典迷途知返　160

13　加倍下注　174

14　老大只能有一個　186

PAGE

15　工作大未來 (二)　200

16　創新和摩擦力　218

17　IntenseDebate　226

18　跟著太陽走　234

19　Jetpack 起飛　240

20　錢從哪裡來　256

21　波特蘭和集體　268

22　中央社交局　290

23　離別夏威夷　306

24　工作大未來 (三)　316

尾聲：

他們都去了

哪裡？　322

參考書目　326

致謝　330

索引　332

事前須知

給人建議很容易，傾聽才是最困難的部分，作家總是記不住這
點。

很多人都會問，如果一個知名專家回到第一線，會發生什麼事？
這個人真的能實行他在相對安全的書籍和演講中所不斷倡導的
理念嗎？過去十年，我寫了四本暢銷書，但同時也在想我會不
會或多或少落入了這個困境，如果我再次成為管理者，我會遵
照我自己的建議嗎？我很想知道。問題是，這會發生在什麼時
候？又會在哪裡呢？

因此 WordPress 的創辦人麥特‧穆倫維格問我要不要加入他的
公司 Automattic，並管理一支團隊時，可說是個完美的機會。
全世界將近百分之二十的網站都是使用 WordPress 的架構，
包括這顆星球上百大部落格中的一半，當時我即將前去工作的
WordPress.com，是世界上流量前十五高的網站。即便已經很
成功，他們的企業文化卻頗為創新：員工都年輕又獨立，可以
在自己想要的地方工作，不管是在世界哪個角落都可以；他們

不怎麼使用電子郵件；每天都會向世界發布新成果；還有非常開放的休假政策……如果有哪個企業文化夠格稱之爲未來，那這就是了。我告訴麥特，如果我可以用這段經驗寫一本書，那我就接受。他說好，因此我們有了這個事前須知。

本書有兩個目標：第一，分享我身爲一條職場老狗，在這個未來工作空間中學到的事；第二，試圖捕捉一間超棒公司中某個超棒團隊的幕後故事。我會分享我學到的、我愛的及把我逼瘋的一切事物，還有對身在工作世界中的各位有用的見解。

本書大致上是按照時間順序敍述，並且是按照我的日記撰寫，這種方法的酷炫術語叫作「參與式報導」，表示作者（在這個情況下就是我本人）不是從安全的邊線上報導，而是身處在事態發展之中。優點是頗爲私密，我的書比大多數的書都還老實；缺點則是有所偏限，即便其他人的努力可能更爲重要（事實上也常常是這樣）但我的故事還是會佔據舞台中央。因而爲了平衡報導，某些章節的視角會比我本身的故事還要寬廣。

WordPress 和 Automattic 都有崇高的理想，我也祝福他們之後一切都好。他們在以下內容中的毫無保留，不僅致敬了他們所做的事業，他們的樂意分享，也幫助了其他人得以從中學習。

CHAPTER 1

厄勒克特拉飯店

麥克·亞當斯寫程式時,會把筆電放在腳上,然後俯身盯著螢幕,他的手指鬆垮垮垂在鍵盤邊緣,彷彿手腕斷了一樣,他看起來就像個在太空中寫程式的快樂太空人,異想天開地打破古典物理的法則,他的才華也反映了這種自主性,因為他經常優雅地解決各種難題,世界上只有少數幾個工程師可以和他匹敵。二十九歲的他還很年輕,身體應該還不會有什麼職業傷害,但看著他用滑稽扭曲的姿勢在不同的沙發之間工作,不禁讓人覺得這天可能很快就會到來。在他厚重的鏡片和毛茸茸的鬍子背後,潛藏著解決問題的鋼鐵意志,他時常會工作好幾個小時,對飢餓和其他生理不適免疫,直到他滿意為止。而如此專業的他讓人印象深刻的還有:他從來沒讀過任何一本電腦科學相關書籍、他自學、聰明、充滿團隊精神、有時還超級好笑,最棒的是,他在我的團隊中工作。

我們共有四個人在希臘雅典的厄勒克特拉飯店大廳努力工作,

飯店的名字有些不祥，因為厄勒克特拉的故事和其他許多知名希臘神話角色一樣，混雜了令人愉悅的復仇和弒母。根據索福克勒斯的說法，厄勒克特拉和哥哥圖謀殺死母親和繼父，以替他們的父親報仇，想像一下，他們的家庭聚餐有多有趣，索福克勒斯的故事很可能就此啟發了莎士比亞的《哈姆雷特》，不過沒人能真的確定就是了。對我來說，我們在雅典的工作只要一不順，我就不禁想起厄勒克特拉和各種家庭及團隊失和的事，但我當然只是自己想想，領導者永遠不該拿叛變開玩笑，我們的團隊一直處得不錯，我並不想要任何東西（不管是神話中或現實中）擋在我們的路上。

我們叫作「社交團隊」，隸屬於 WordPress 網站上的許多程式設計師團隊之一，這個網站上有數百萬個人氣部落格和其他網站，是全世界流量前十五高的網站，我們團隊的職責很簡單：發明讓讀寫部落格變得更容易的東西。你可能以為在那觀察我們工作，會發現許多創新又大膽的工作方式，事實並不是這樣，是有不少創新的方式沒錯，不過光是看著我們工作應該注意不到，若只是隨便看一眼的話，你可能還會覺得我們根本就沒在工作。

我們坐在飯店酒吧對面的小房間裡，酒吧就在偌大大廳的某個死角附近，彷彿酒保另外塞錢給建築師，要讓酒吧很難找到，而且也成功了。我們霸佔了一組蓬鬆的紅色椅子和沙發，將其排成網頁開發的半圓形，根本是座名副其實的極客王國堡壘。身後的黃色牆面，掛著小幅的文藝復興後期家庭肖像畫，畫框是厚實的木頭，歪七扭八的燈具散發出金光照得畫像一片模糊，也讓我們更難看清筆電螢幕。我們共用的玻璃咖啡桌太低了，本來就是設計用來放咖啡杯和紀念品，而不是讓一組工程師團隊拿來當臨時書桌。爲了要充電，我們還拔掉了角落的一盞立燈，我們認爲這個舉動便是讓酒吧裡唯一的酒保，一名肥胖的中年俄羅斯人，不管我們再怎麼渴求插著小雨傘的昂貴調酒，

都不願意親自爲我們送上一杯的原因。

雖然我比團隊其他人還大上十歲，但我們看起來都像二十五歲
到三十歲之間，任何人只要看見我們，都會覺得只是一群年輕
屁孩遊客，選擇在這場超不舒服、裝飾亂七八糟的飯店恐怖秀
中玩電腦，而不是去享受雅典超讚的風光明媚。彷彿萬一我們
站在大廳裡用電鋸雕冰雕，也會成爲奇景一枚，經過的飯店遊
客還會停下腳步、目不轉睛、開口發問、充滿好奇，想知道我
們到底在做什麼，還有究竟要怎麼做。

但我們所有的工作都是無形的，藏在發亮的筆電螢幕中。他們
不知道的是，我們只要隨便點一下按鍵，就能發布瞬間影響全
世界數百萬人的功能，然而對任何坐在附近的人來說，看起來
我們就只是在耍孤僻。這是身處數位時代中很酷的事，那位在
星巴克坐你旁邊的人，可能正在駭入瑞士的某間銀行，或是發
射位於另一座大陸上的核子彈，但也有可能只是在上臉書而已，
你根本分不出其中的差別，除非你有夠愛管閒事，從他身後偷
看螢幕。

隱藏在我們平凡外表下的，是不尋常的經驗。雖然我們是同事，
但像這樣坐在一起卻是相當罕見的事，大多數時間我們都是獨
自線上工作，這次在雅典見面，也不過是我們第二次在同一個
空間裡工作（幾週前，我們在佛羅里達州海濱鎮見過第一次，

還是因爲公司的年度大會）爲了到厄勒克特拉飯店集合，我是從西雅圖飛來的；麥克‧亞當斯則是從洛杉磯；包‧李本斯在澳洲出生，不過現在住在舊金山（我敢打賭他有兼差當祕密幹員）；迷人又聰明的英國程式設計師安迪‧皮特林，則是在加拿大和愛爾蘭輪流居住。

對多數人來說，遠距工作似乎頗爲陌生，除非能注意到在傳統的工作空間中，他們對著電腦工作的時間有多長。如果你和同事的互動有一半是透過線上的電子郵件或網頁瀏覽器，那麼你就離 WordPress.com 在做的事不遠，差別在於 WordPress.com 的工作主要都是、也幾乎完全是透過線上完成。有些人當了好幾個月的同事，卻根本都不住在同一塊大陸上。公司允許各團隊每年出差見面幾次，以彌補科技的不足，雅典之旅就是這樣來的，之所以會特別選擇希臘還是因爲老闆的建議，我們便趕在他改變主意前一口答應。不過那年的其他時間，我們仍維持遠距工作，就看自己剛好在世界的哪個角落。

由於工作地點變得無關緊要，負責經營 WordPress.com 的公司 Automattic 就能聘僱世界各地最棒的人才，不管他們在哪裡都行。不在意員工的工作地點，正是這間在二〇〇五年創立的公司，如何組織及「管理」的基本原則。我把「管理」放在引號裡，如同我稍後會解釋的是因爲，如果用傳統的商管角度來看，我們其實根本就沒在管理。一開始公司的架構是完全扁平

化的，所有員工都直接向創辦人麥特‧穆倫維格報告，直到二〇一〇年，他和執行長東尼‧史奈德認為，這一切對他們兩人來說也太混亂了，於是他們想了一個更好的方式：把當時已擁有五十名員工的公司分成十個團隊，每個團隊由一個組長領導，這是公司史上第一個階層制度。組長的角色定義頗模糊，而且交由每個團隊自己決定人選，從麥特和史奈德的觀點來看，同時進行各種實驗是件好事，這樣他們就能迅速了解哪些方法有用、哪些沒用，而且彷彿這一切還不夠瘋狂似的，他們還進行了一個額外的實驗，從公司外部找了一個人來領導其中一個團隊，那個人就是我本人。這次在雅典集合對公司來說是歷史性的，因為這是新概念團隊的第一次集合，而之後這將叫做團隊聚會。

我才剛進公司十個禮拜，不太熟悉我的團隊。但他們很明顯才華洋溢，麥克‧亞當斯是公司的第八名員工，當時他還在攻讀量子電腦博士（這是個我甚至都不會想試著解釋的領域），但由於他在 WordPress 的業餘參與已經成了熱情，因此當麥特要給他工作時，他便把量子電腦拋在腦後，從此之後表現傑出。團隊裡最多才多藝的程式設計師包‧李本斯曾經在其他公司工作過，這是 WordPress.com 多數員工都不曾有過的經驗，他在寫程式外的各種能力，從以色列防身術到野外求生訓練，也解釋了為什麼如果要同甘共苦，他會在我名單上的前幾名，而且即便他這麼多才多藝，他為人似乎還頗和藹、謙虛、冷靜。安

迪·皮特林完美填補了團隊的不足之處：他擅長包和麥克不會寫的那些程式，主要是軟體的使用者介面，他也很願意嘗試新東西，這是所有創新團隊必備的技能。不論今天是誰負責帶領他們，只要他們三個一起，就是一個年輕、強大、信心十足的團隊。

從麥特高明（或者很可能是瘋子的）觀點看來，我之所以適合這個工作，是因為我有帶領團隊的經驗，加上我從來沒有在像 WordPress.com 這樣的公司工作過。當時有六十名員工的 WordPress.com，公司文化高度自治，而且紮根於開源文化，但我的職涯卻是在微軟度過，同時是其他被《財星》雜誌列為五百強的大型組織擔任顧問。對公司而言，團隊這概念可說是劇烈的改變，對我來說卻不是。而他高明之處便在於此：「把必須依賴彼此才能生存的人湊在一起，只不過理由不同。」麥特認為我可以示範團隊應該怎麼運作，公司則可以教我另一種思維和工作方式。

但我們也都同意一切不保證會成功：雇用我可能變成一場災難，要是我們彼此之間的差異太過巨大呢？要是我遠距工作效率太差怎麼辦？或是 WordPress.com 的文化排斥這整個組長和團隊的概念？存在很多大哉問，但我承認，其中的不確定性，正是我之所以想接下這個工作的主因，無論發生什麼事，都會是個可述說的好故事，而這個故事就從我上工的第一天展開。

CHAPTER 2

上工第一天

二〇一〇年八月，我受聘成爲 Automattic 的第五十八號員工，三個月後我的團隊便到雅典出差。公司徵人沒有正式的面試，沒有人會問陷阱題，比如爲什麼人孔蓋是圓的？或是一架七四七客機可以放進幾顆乒乓球？而是直接進行測試，這代表他們會要你完成一個簡單的專案，你會得到開發工具的存取權，並且任務都是來眞的，如果你表現不錯，就能得到工作，反之則否。徵人的各種假掰部分，從膨風的履歷表到試著說出你覺得對方會想聽到的話，通通都消失了，比起對抽象概念支支吾吾，你會透過進行工作上所需的任務，來證明你的能力，這個方法可說簡單又高明。而且由於所有事情都可以遠距完成，應徵者也不需要飛到任何地方，不管身在何處都可以進行測試；然而某些應徵者可能找不到時間進行任務，這些就是在競爭過程中逐漸遭到淘汰的人。

聘僱我的時候比較特別，組長職缺不會有簡單的測試專案，一

部分是因為公司那時還不存在組長的角色，公司架構是完全扁平的，所有人都向麥特報告。比起給我測試，麥特不僅讀過我的書，過去這些年間還曾邀請我擔任 Automattic 的顧問兩次，而當時我的其中一個建議便是從扁平化組織轉變為團隊架構。這對瀰漫著巨大挫折氛圍的員工士氣，是個明顯的解方。正由於一切事物都圍繞著麥特打轉，他們想進行更大型的專案卻沒辦法獨自開始。但挑戰在於，整個公司文化強烈排斥階層制度，員工都極度獨立，拒絕任何聞起來像「企業文化」的東西。對他們許多人而言，這間公司就是他們工作過最大的公司，團隊和組長角色的概念引進時充滿不確定性；而我也有我自己的挑戰，因為加入公司後，我就會成為我自己建議的「工具」。如果團隊挑戰失敗了，那我就會有兩個受到譴責的理由，我給他建議時從沒想過，有一天我會在這件事情上扮演讓它成真的重要角色。

在上工前幾週，他們便告訴我，我的第一場會議將在八月二日禮拜一上午十點舉行，所以我有很多時間仔細思考可能面臨的挑戰。我是個老派的人，而這是間新潮的公司，要是我已經跟不上時代了怎麼辦？我的那些領導力技巧仰賴的是和其他人處在同一個空間中，沒辦法在艱困的情況下直視其他人的雙眼，感覺哪邊怪怪的。你會在線上跟別人求婚嗎？或是傳訊息跟一個小孩說他媽媽死了？我擔心那些先前能讓我把工作做好的事，無法轉化到一個完全線上的環境。而且我也一如往常有一

堆異想天開的擔憂，比如我就在想 Automattic 有沒有可能行政程序上出了疏失，其實並不是真的要雇用我，而是要雇用死考特‧佛肯；或是這間公司有什麼邪惡的祕密，比如說大家都只講法文還有妥瑞氏症；或是我的同事正因謀殺作家而在辛辛監獄服無期徒刑之類的⋯⋯這是個巨大，而且有時候很殘酷的宇宙，和你素未謀面的人當同事就跟擲骰子沒兩樣。

擔心歸擔心，八月二日時我仍是壓線起床，我應該要在十點和 WordPress.com 的其中一名團隊組長哈妮‧羅絲開會。我時間很充裕，因為我通勤大概只要花上十五秒，要不是我那隻羅威那和拉不拉多的混血犬葛里茲在走廊上擋住我的路，用牠巨大的繩索玩具弄我，我應該十秒內就能到。葛里茲跟著我來到辦公室的書桌，趴在我腳邊，我跟牠說我有個新工作，但牠不相信，對牠來說都一樣，這就是遠距工作的其中一個大問題，沒人相信你有在工作，要是他們沒有看見你走出門，疑惑就會徘徊不去。

公司說我前三天會花在員工訓練上，但驚喜的是，這不是為了訓練我的崗位工作，而是要訓練客服技巧，所有新員工在正式開始工作之前，都會先和鞠躬盡瘁的客服團隊共事。客服團隊的工作對我來說，是個重要卻極度吃力不討好的工作，畢竟世界上很少人打客服專線只是為了說句：「感謝你們製造這麼棒的產品！你們超讚啦！」然後就掛掉電話。即便是對 WordPress

吉兒‧史塔茲曼（Jill Stutzman）拍攝

這樣的免費產品，人類也還是抱怨導向的生物，不管多麼好用，稱讚都是千載難逢，沒有哪家公司專門有個和客服部門對應的「接受稱讚部門」。

我以前曾在客服部門工作過一次，那時我還是卡內基美隆大學的學生，雖然追求客服品質值得敬佩，我卻從此明白我不太適合這個任務，從我厭世的判斷看來，會打給客服的人主要分成討人厭的兩類人。第一類，問題迫切又複雜的人，如果他們的問題不是如此，他們就會用其他方式找到答案；第二類，人數

更多的一類，迷失又懶惰的人，簡稱 L&L（the lost and the lazy）。在客服部門工作會需要無止盡的重覆，因為 L&L 會不斷打來問最基本的那五個問題，第一名的問題就是：「要怎麼重設我的密碼？」那是我遇過在客服部門工作的人們，最常面臨到存在危機的那一刻，這會令人不禁問天：「講理的人都死光了嗎？」然而答案是，講理的人通常不會打客服專線！他們會從朋友、同事、或是透過網路上找到的免費說明得到答案。救贖的恩典是，我知道 WordPress.com 的客服只能透過電子郵件，所以面對任何必須回覆的荒唐要求，我可以想擺臭臉就擺臭臉，而且不會有人知道，除了葛里茲之外，但牠根本不在乎。

WordPress.com 的員工把客服稱為「快樂」，因此他們不叫客服團隊，而是叫「快樂團隊」，在客服部門工作的人也不叫技術支援人員，而是叫作「快樂工程師」，簡稱 HE，我對這一切存疑，我很懷疑只是把某個東西改個名字，就能改變現實嗎？我也可以讓葛里茲改叫「超級天才神力狗」，但這也不會阻止牠一整天幾乎都是在啃骨頭跟追松鼠啊！改名字不會改變現實，但我先保留這個判斷，聰明人會用開闊的心胸接觸所有新事物，不管帶著「乾淨的手」批評事情多有趣，我如果在「把自己的手弄髒」之前就評斷他們，那我就學不到任何新東西。而在客服部門工作幾天後，我的看法也確實改變了。

我的實作訓練由六堂半天的課程組成，分別由不同的「快樂工

程師」帶領，訓練行程就貼在其中一個內部部落格上，在週三結束訓練之後，我就能自由探索世界啦！

8/2（一）10:00 a.m.–1:00 p.m.，哈妮・羅絲
8/2（一）2:00 p.m.–5:00 p.m.，萊恩・馬克爾
8/3（二）10:00 a.m.–1:00 p.m.，安德魯・史皮托
8/3（二）2:00 p.m.–5:00 p.m.，雪莉・畢格羅
8/4（三）10:00 a.m.–1:00 p.m.，澤・方騰哈斯
8/4（三）2:00 p.m.–5:00 p.m.，休・蘇頓

一九九〇年代，我在如日中天的微軟工作時，員工可以監聽打進來的客服電話，很多公司都這樣，你知道那些預錄的「本通電話可能因服務品質控管受到監聽」的錄音嗎？他們會這麼說背後有真正的原因：真的有其他人在聽。有一陣短暫的時間，微軟規定每個人至少都要聽一次，公司甚至提供像我這樣的管理者一個資料庫，裡面列出哪項產品，以及哪項產品的哪個問題導致最多的客服電話。

這些嘗試頗為有效，但依然事不關己，聽別人講電話或讀報告不會讓你跟實際需要解決問題的那個人一樣，像是肚子被打了一拳，但讓每個人都在客服部門工作，會迫使所有人都認真看待用戶，而我們也應該這麼做，因為他們是我們的衣食父母。雖然我個人不太喜歡，但讓每個員工無論好惡都參與客服工作

的主意，實在是非常棒。

將近十點鐘前，哈妮・羅絲要求傳 Skype 訊息給我，我心想：
要開始了。當了十年自由工作者之後，我現在終於又再度幫別
人工作了。Skype 可以打語音電話，也可以在聊天視窗裡打字，
而在 Automattic 使用打字溝通比講語音還要受歡迎非常非常
多，當時看來蠻奇怪的，這間公司不是應該方方面面都很前衛
嗎？可以直接講話幹嘛要打字？這點我稍後會再深入討論。

哈妮・羅絲：嗨，史考特
勃肯：嘿，早安
哈妮・羅絲：我想今天的每日一字應該是歡迎吧！ :)
勃肯：確實
勃肯：我任妳差遣啦，就是這樣
哈妮・羅絲：這一切都有點搞笑的顛倒了 :)
勃肯：怎麼說？
哈妮・羅絲：嗯，因為你已經多多少少有點熟悉事情是怎麼進行
的，也認識了一些人之類的
哈妮・羅絲：是好的那種顛倒！
勃肯：啊，對啊，嗯，請假設我知道的比妳想像中還少 :) 老實說，
我還真的不知道事情運作的細節，而且我肯定也不太知道客服要
怎麼進行。
哈妮・羅絲：啊哈 :)

哈妮・羅絲：我必須坦承一件事。

勃肯：我喜歡坦承

哈妮・羅絲：我昨晚可能有，也可能沒有和麥特一起去喝清酒跟唱卡拉 OK。

哈妮・羅絲：這可能有，也可能沒有和我現在正閉著一隻眼睛打字有關

勃肯：要解酒，早餐就要喝清酒！

哈妮・羅絲：我吃完蘇打餅跟喝水之後，現在就比較好了。

勃肯：聽起來像在坐牢

勃肯：跟解酒食物詭異的相似

哈妮・羅絲：嗯，我從來沒想過這之間的關聯耶

這裡出現了一件很少發生在新工作報到第一天的事，我才剛開始我的第一場會議兩分鐘，就已經沉浸在 Automattic 的文化裡了。Automattic 員工的綽號叫作 Automattician，雖然他們不常見到彼此，但只要聚在一起，就會進行密集的社交，這類非正式的公司聚會和家庭團聚的頻率一樣高，感覺也像家人團聚，除了每個人都喜歡彼此，還有大家都知道怎麼寫程式之外。我知道哈妮除了是 WordPress.com 的正職員工，也正在攻讀法律學位，她住在巴黎或倫敦，這次一定是剛好去舊金山幾天，還有其他 Automattician 也在舊金山，包括包・李本斯，他們很有可能是在同一攤聚會。

她提到的卡拉 OK 共犯麥特，就是 WordPress 和 Automattic 的創辦人麥特・穆倫維格，Automattic 正是負責經營 WordPress 的公司。麥特是那種常會出現在各種榜單上的名人：《PC World》雜誌的五十大網路名人、《Inc.com》雜誌的三十名三十歲以下名人、《彭博商業週刊》的二十五大網路影響力名人。我認識許多和他一樣身居高位的人，而大多數人都把精力花在和名單上排在自己之前的人競爭，這真的是很悶，最有權有勢的人生活極度空洞，他們追逐權力便是試圖填補這個空洞，這讓我想起聖修伯里《小王子》裡的生意人，書中的生意人擁有宇宙中所有星辰，卻不知道星辰的意義何在：他只是一直想要更多。太多公司創辦人都只是在蒐集星辰，麥特是我認識少數幾個創造出某個像 WordPress 一樣強大的東西，卻仍記得星辰意義為何的人。

我和哈妮花了整個早上替我註冊各個系統，一如預期，一切都是一團迷霧，我就只是照她說的做，當我們使用網站完成了她說該做的事之後，我們就繼續到下一個去，要是沒有，她就會花點時間把問題解決。她同時也確保我註冊了 IRC，這是一個我大學時用過的古老通訊軟體，在開源專案的程式設計師間仍非常受歡迎，IRC 就像公司的走廊，Skype 則多用於一對一溝通，IRC 是你想群組聊天、尋求協助、找人社交時該去的地方，而且由於公司幾乎在世界各個時區都有員工，所以你工作時，永遠都會有人在線上幫你解決問題或是可以打屁閒聊。

我要辦的其中一個帳號出了點問題，所以哈妮把我交給WordPress.com所有系統的善良主人貝瑞·亞伯拉罕森，如果你想像一個祕密地下碉堡，有無數排嗡嗡作響的網路伺服器，還有一個孤獨的天才負責下咒讓所有東西運作，那就是貝瑞。唯一的差別在於沒有碉堡，也沒有成排的伺服器，至少不是在他眼前啦，所有用來維持WordPress.com運作的硬體，都分散於全美各地的數據中心，而貝瑞則是從他德州的家中掌控所有事。貝瑞是公司最重要的人士之一，因爲其他所有人的工作成果都依賴他管理著這麼棒的系統，我之前見過他一次，就在二〇〇九年的舊金山WordCamp，我跟在那次類似家庭團聚的聚會後面，和他一起搭車回飯店。我拒絕對他在以下聊天中提到的事發表意見，

貝瑞：嗨嗨～
史考特·勃肯：耶，援軍終於來了
貝瑞：上次我見到你時，你醉倒在電梯裡
貝瑞：在帕洛瑪
史考特·勃肯：我拒絕承認任何事
貝瑞：哈哈
貝瑞：好啦，就一些行政手續

你可以從我和哈妮跟貝瑞的聊天中得知，他們人都很好，又聰明，而且僅僅是透過文字訊息，就能傳達出個性和溫暖，在一

間遠距工作的公司工作，需要良好的溝通技巧，而這裡所有人都有，這是我一開始最高興的地方之一。每間公司都會說一些清楚溝通的重要性之類的陳腔濫調，卻在實行時澈底失敗，而在 Automattic 卻沒有什麼術語，沒有「非優先行動事項」或「催化跨功能目標」，大家傳訊息都頗直白、不假掰、有魅力。

隨著工作日的展開，很顯然並沒有任何預先寫好的腳本，不需要填表格，沒有無聊的待辦事項清單，一切都是非正式的，卻都有效。我還注意到，不是自動化表格或是某個實習生，而是貝瑞帶我走過冗長的帳號設立程序，他想要每個新進員工都知道他是誰。這也許是小規模公司的副作用，當員工只有五十人時，就不會有來自上頭的管理，每個人都直接負責某件事，但無論理由為何，由這麼重要的人直接照顧我，都讓人覺得煥然一新。

不過我確實發現了某件無聊的事務，就是必須手動把同事加到我的 Skype，沒有任何方法可以自動把數十名同事加到我的聯絡人中，所以我在等哈妮或貝瑞處理某件事的時候，就會打開清單一個一個把人加進來，我有問過有沒有什麼方法可以自動處理，如同你在一間這麼聰明的公司所期待的，但是沒有。

這一切進行時，包在 Skype 上打斷了我，以下便是我和他進行的第一次有趣對話，之後還有很多：

包・李本斯：（請將我加入你的聯絡人中）

史考特・勃肯：（史考特・勃肯已和包・李本斯分享聯絡人資訊）

李本斯：我比你還快！

勃肯：你這個小王八蛋

李本斯：我聽說你加人加的很爽，所以我決定要來翻轉局面

勃肯：很高興看到你的名字出現 :)

勃肯：所以哈妮是有多醉？ :) 我猜你們都在總部？

李本斯：都在，沒錯，她意外的充滿活力，依各種情況來看

李本斯：雖然我先前以為她會吐在我身上

勃肯：這是個好跡象，她中午以前不會吐在你身上

我的早晨繼續，中間不斷停下又開始，就像所有的第一天一樣，用 Skype 工作有個優點，就是注意力自由，另一個人不太會全心全意期待你仔細閱讀他們打下的每一個字，每個人都知道這只是螢幕上的一個視窗，你有可能專注在別的事情上。我在等待的時候，便邊讀和 WordPress 有關的說明或是瀏覽 Automattic 的內部部落格，午休之後，按照行程表我應該要和萊恩進行更多訓練，萊恩住在聖路易，時間比我在的西雅圖還要晚一點：

萊恩・馬克爾：先生，很準時哦！

馬克爾：你早上的訓練還好嗎？

勃肯：有點慢，不是哈妮的錯，只是今天到目前為止大都花在辦

帳號和解決問題上，不確定這樣是正常的嗎？

馬克爾：對啊，這很正常

勃肯：噢，只是提醒你一下，我在我這邊三點半到四點之間要下線一下，我在家裡工作，必須帶葛里茲和麥克斯出去（不然牠們會吃了我）。

馬克爾：我正要告訴你我那時至少要花十五分鐘跟家人吃飯，所以剛好。

馬克爾：OK，所以你已經弄好帳號的事，一切（應該）都已經設定好了。

馬克爾：你已經學過WordPress.com的管理員介面的東東了嗎？

勃肯：還沒。

馬克爾：那從這裡開始正好。

馬克爾：你要做的第一件事就是在WordPress.com上創一個測試用的部落格，這個部落格的部分功能就是用來測試。

萊恩隨口提到某個他稱為「管理員介面東東」的東西，雖然他頗無動於衷，但這其實是個很神奇的東西。

取得適當的存取權限後，當我進入任何使用WordPress.com伺服器架構的部落格時，我的瀏覽器視窗上方就會出現一小條工具列，這條工具列會出現完全是因為我在客服部門工作，會帶給我神力，我可以改變所有部落格的外觀，可以貼文、改文、刪文，就算文章已經貼出來了也可以。工具列本身很小，充滿

令人困惑的選單和奇怪的符號，但隨著萊恩教我每個選項的功能，我的腦中警鈴大作，部落格使用者能做的所有事，我也都能做，而且我還能做沒有使用者做得到的事，比如加上升級方案的按鈕、把部落格標為詐騙網站直接關站等等……他教我越多，我就越是著迷。這就像彆腳超級英雄電影中，邪惡的天才終於揭露他控制世界所有電腦或銀行的魔法設備，準備完成統治世界計畫的那一刻。看電影時，你知道這種東西不可能存在，但在 WordPress.com 這裡，還真的存在，而且我可以控制。在這之前，還以為我會拿到教學用的安全版，所有危險的功能都關閉了，但萊恩跟我保證絕對不是這樣。

這真是個大驚喜，我還是自己一個人待在家裡，葛里茲在我腳邊，我不是在同事環繞的辦公室，這個事實放大了突然間擁有這麼多權力是多麼奇怪的一件事，但隨著訓練繼續進行，我發覺許多公司都存在類似的事，我們只是很少看到幕後而已。如果你有用 Google、臉書、網路銀行，那他們的某些員工也會擁有和 WordPress.com 類似的工具，他們要完成工作別無他法，要解決我們的問題，他們就必須以某種方式進入，這當然很合理。只是在我員工訓練的第一天，我有種非理性的不舒服，這不像請我幫他們修車，顧客可以看到我鑽到車底下，並看見我所有動作，幫某個人修部落格，代表他們不知道我在裡面。

分，以及快樂工程師想要解決某張票券最珍貴的資訊，就是用戶自己覺得哪邊出錯的資訊，而人們覺得哪邊出錯，和實際上哪邊出錯，之間的差距確實可以很大。

在某些案例中，用戶就只寫了：「我的部落格壞了」，這很令人哀傷沒錯，但也幾乎是模糊到不行，沒有人想要自己的部落格壞掉，但這個資訊對於解決問題一點幫助都沒有，就像打一一九然後說「救救我」一樣，一遍又一遍，一遍又一遍，彷彿問題在於線路另一頭的人不知道要去救你一樣。問題從來不是這個，因為線路另一頭的人成天都在救人，這就是整個工作的意義：等需要求救的人打電話來。

我們遭遇緊急狀況時，總會放任思維遲鈍凌駕我們，我們表現得像是整個宇宙物換星移縮水了，並把我們的問題放在其他人人生的中心，如果這還不夠，我們就假設可以提供幫助的人是全能的，他們不知為何知道有關我們的所有事、我們想要做什麼、還有如何瞬間解決問題。整體來說，就是像這樣的票券讓人加倍沮喪，因為缺乏細節描述幾乎就保證問題不可能馬上解決，用戶的恐慌確保了針對票券的初步回應會是一系列的問題轟炸，以詢問更多詳細資訊。比起救你一命，更像是種審問，所有牽涉其中的人都會很沮喪。

我到 Automattic 工作的前幾個月，一些快樂工程師研究了各

種收到的要求，並發現要是他們更改使用者介面，就能直接從用戶處得到更棒的資訊，他們決定強迫用戶回答三個很棒的問題：

· 你做了什麼？

· 你看見什麼？

· 你期待什麼？

這是些非常精闢的問題，經常是從事客服或第一線工作的人詢問對方的頭幾個問題，然而，這對某個用戶來說還是不夠，他留給我一張寫著以下答案的票券，

我做了：錯誤

我看見：錯誤

我期待：解決

我願意在準確度上給他過，沒錯，他是應該期待解決，但這種自作聰明的回答只會延遲爲這個人帶來快樂的路程。

CHAPTER 3

星期貓票券

我員工訓練日剩下的星期二和星期三，大多數時間都花在票券上，票券、票券、更多票券，這些不是開心的票券，像是去看洋基隊打棒球或是飛去巴黎的來回機票，而是痛苦的票券。WordPress.com 上總共有將近兩千萬個部落格和網站，每一個都是某個人在網路上的化身，內容從政治、攝影、烹飪、商業都有，代表著所有種類、興趣、思想，而且個個都認爲自己發在網路上的東西是世界上最重要的東西。這些部落格主只要一有什麼問題，就會到 WordPress.com 的客服區回報他們的悲傷故事，每次回報都會得到一個特別的代碼，員工因而將其稱爲票券，比如說「這是張很難的票」、「這張票我之前看過」、「你弄這張票弄多久了啊，史考特？」

每張票券的資料庫條目都會自動記錄那名幸運的快樂工程師可能需要用來解決問題的用戶資訊，比如用戶名稱、部落格名稱、該部落格所在伺服器的技術細節等。但所有數據中最重要的部

我後來在訓練過程中看到的另一張票券對三個問題都只回答：「求救！」，多數的票券都更囉嗦，但也都顯示了對 WordPress 怎麼運作的外部觀點，很像是一名醫生必須把一般人對自己哪邊不舒服的描述，翻譯成身體如何運作的醫學知識，即便是很棒的問題描述，也需要建立一個心智模型，了解用戶到底試圖要描述什麼，並將這個模型套用到我對 WordPress 實際上如何運作的理解上。這場戰鬥有一半是和翻譯的能力有關，不只是如何修好東西的知識而已，如果你找不出哪裡出問題，那知道怎麼修也沒屁用。

從這點看來，我接受的訓練可說是完美無瑕，和工作本身毫無差異，負責訓練我的人，也就是萊恩、安德魯、雪莉、澤、休，會從一大堆還沒解決的問題裡挑一張票券出來，然後把連結用 Skype 傳給我。他們期待我自己想辦法找出答案，要是我卡住就會給我提示，許多票券對常用 WordPress 的人來說都很簡單，其他的則是會詢問一些我從來沒聽過的功能，但只要讀過相關說明還是很好解決，這些說明便是由之前回答過類似問題的快樂工程師所撰寫。但某些票券仍然頗為複雜，需要協助，我會問訓練我的人，他們便會幫我指出正確的方向。某些情況下他們會叫我去 IRC 發問，也就是公司所有員工使用的通訊軟體，我一開始頗為擔心，但我後來發現總是只要幾秒就會有人提供幫助，而且常常不只一個。社群就是在此發揮作用，大家都願意拋下手邊的事，向他們不認識的人伸出援手。

多數票券需要我用自己的瀏覽器檢視該部落格，看看情況如何，所以每天我都會第一手接觸到用戶在做的各種事，有宗教相關的部落格，也有關於運動的，還有喜歡美食的人想教其他人怎麼做，所有你想像得到的熱情，還有一些你想像不到的，都在我指間流動。感覺就像個數位圖書館員，擁有照料架上書籍、把書都排好的特權，雖然有人付錢要我這麼做，而且 WordPress. com 是營利事業，但這些部落格中的所有資訊，都利用網路向世界上所有人開放免費閱覽這件事，仍是在我腦中閃過好幾次。我們接收資訊時全都會受偏見影響，以為我們看見各式各樣的想法，但實際上會根據我們的政治傾向和信念過濾，但我在做我的快樂任務時，我發覺我能看見所有事，並因為有個方法能讓這麼多擁有不同想法的人互相分享而覺得開心。

訓練結束後，我就要自己獨立解決票券，幾天後我又和麥特聊了一次，我們每天至少會在 Skype 上聊一次，大多時候都是我在問有關我團隊的問題，還有我應該要知道什麼。在其中一次對話中，麥特問我在快樂團隊做得如何，我告訴他一切都好，並問了他許多我組員的問題、他們在從事的專案、他的期待又是什麼，麥特彬彬有禮、閱歷豐富，但時常建議我等我完成客服訓練之後再說。可是我很堅持，搞不好這個訓練要求其實很簡單，我可以直接跳過，我最後終於盧到他受不了，並發現了一個「驚喜」，那就是客服票券其實有後台數據，而呈現出來的我的表現並不怎麼好。

(8/6/2010 10:56:57 AM)

麥特：現在你應該專心在客服上，不要做其他事，你在這部分的表現優異非常重要，因為到目前為止你都有點落後，大家私下會去看客服訓練的數據，當成未來表現的指標。

史考特：好，我會努力的。

史考特：沒人告訴我有記分板！

麥特：別擔心，你的十四張票券和一則論壇貼文都很讚。

史考特：我沒看到包或皮特林寄來的週四郵件，你有看到嗎？

麥特：別擔心，等你完成客服訓練再說。

史考特：你是不是幫我設了個專門的自動回覆叫「別擔心，等你完

史考特 WordPress.com
二〇一〇年八月份數據

	六月	七月	八月	總計
2010			363	363

星期一	星期二	星期三	星期四	星期五	CATURDAY 星期貓	總計
2	3 票券 2 論壇貼文 1 時數 0.3	4 票券 7	5 票券 1	6 票券 17	7 票券 13	票券 40 論壇貼文 1 時數 0.3
9 票券 12	10 票券 31 論壇貼文 4 時數 9.7	11 票券 29 論壇貼文 16	12 票券 23 論壇貼文 30	13 票券 21 論壇貼文 34 時數 0.9	14	票券 107 論壇貼文 84 時數 10.6
16 票券 33 時數 4.9	17 票券 31 論壇貼文 18 時數 1.9	18 票券 30 論壇貼文 2	19 票券 8 論壇貼文 6	20 票券 4	21	票券 105 論壇貼文 26 時數 6.8

成客服訓練再說」？

麥特：哈！

麥特讓我知道的票券數據頗爲詳盡，上面顯示了每名員工每天、每週、每月、每年的票券總數，我完全不知道這些數據會記錄下來，你可以用各種酷炫的方式檢視：每小時、某一天、本日冠軍、本週冠軍等，這是全公司日益茁壯的記分板，我的訓練怎麼沒包括這部分？爲什麼從來都沒人提過？

我帶著這些大哉問回到票券中，我應該要自己發現這一切嗎？被監控的感覺如何？我上次的工作表現受到數據軟體追蹤是……根本沒有過。我曾在皇后區的某間債款公司，把棕色的文件夾歸檔到跟整面牆一樣大的檔案櫃裡，但就算是他們也沒有這麼近距離追蹤我的表現，只要他們每天早上給我的一大疊檔案在下班前消失，就沒人在乎。我的 WordPress 同事給我很多明顯的回饋，表示我的工作沒問題，但獨自在家裡的辦公室和這些數據處在一起，讓我不禁思考我是不是錯過了什麼，很難擺脫那種老大哥在看你和無形競爭的感覺。我上工的第一週結束後，總共處理了四十張票券並回答了公開論壇上的一則問題，一般的快樂工程師只要一小時就能搞定這些數量，這還包括我因爲受到麥特責罵，而在「星期貓」投注的額外時間（星期貓是公司對一般稱之爲「星期六」那天的戲稱）[1]，比受到追蹤還糟的，是受到追蹤而且還最後一名。

1｜源自 迷因網站的 超人氣可愛貓貓照，Automattic 所有的內部工具都把星期六叫作星期貓 。
參見：https://knowyourmeme.com/memes/caturday

以下就是出過書的知名專家永遠不會再回去正職工作的理由：正職工作很困難。正職工作代表你要對其他人負責，正職工作代表你要定期工作，而且常常是重覆的事，正職工作表示你不是注意力的焦點，而且必須遵循其他人設立的規則。所有專家、權威、主管、職涯教練很可能都已經對真正的工作失去真實的認識了，我們自以為是，因為覺得我們可以對某件事提供建議，所以我們比那些接受建議的人還優越，但這不是真的。

比如寫作無疑就是件困難的事，而且很多人都不喜歡，但是作家可以在自己想要的時間下筆和停筆，在文章或書寫好之前，不會有讀者來抱怨，寫到特別麻煩的段落時，我們也可以自主休息或是改寫別的東西。但客服永無止盡，我可以在我家的任何角落或世界上任何咖啡廳工作沒錯，但壓力並不是實際存在於你身邊，而是來自知道永遠都還有更多票券等著處理，需要我保持注意力。這種壓力讓我覺得抱怨交稿期限或機車演講聽眾的自己像個廢物，畢竟那相對來說都是輕鬆的壓力，我已經很熟悉、沒什麼殺傷力，但客服的心理壓力卻陌生又可怕。

優點是這強迫我學習，每天我都會發現新的技巧和招式，並被迫去學習解決更困難的票券，安德魯和休建議我一天至少處理一張困難的，因為訓練的目的並不只是存活下來，或是達到某種要求的額度，還包括學習。一張困難的票券可能要花我好幾個小時才能解決，但我會學到完全不同的產品新面向，將來訓

二〇一〇年八月份數據

安東尼
票券 1,810
論壇貼文 0
時數 28
總佔比 14.3%

安東尼
票券 1,240
論壇貼文 27
時數 19
總佔比 10.0%

奈緒子
票券 1,162
論壇貼文 38
時數 47
總佔比 9.5%

哈妮
票券 886
論壇貼文 24
時數 17
總佔比 7.2%

馬克
票券 580
論壇貼文 181
時數 7
總佔比 6.0%

雪莉
票券 514
論壇貼文 100
時數 39
總佔比 4.8%

蘭斯
票券 281
論壇貼文 327
時數 18
總佔比 4.8%

M・萊恩
票券 423
論壇貼文 75
時數 22
總佔比 3.9%

麥克・凱寧
票券 491
論壇貼文 0
時數 0
總佔比 3.9%

朗
票券 460
論壇貼文 0
時數 10
總佔比 3.6%

修
票券 417
論壇貼文 18
時數 41
總佔比 3.4%

史考特
票券 252
論壇貼文 111
時數 18
總佔比 2.9%

尼克
票券 354
論壇貼文 0
時數 1
總佔比 2.8%

洛伊德
票券 311
論壇貼文 0
時數 16
總佔比 2.5%

伊恩
票券 228
論壇貼文 64
時數 9
總佔比 2.3%

練結束後能協助我，哈妮也告訴我，我會在學習時弄壞東西也在預期之中，學習修好弄壞的東西也是工作的一部分。

但麥特的責罵證實確實有額度存在，只不過沒有標明在任何地方而已，他暗指其他員工會去看別人的數據，而這就是他們評

估員工表現的一部分，這是真的嗎？有人來看我的數據嗎？沒有什麼簡單的方式能得到答案。我喜歡競爭，也想讓別人刮目相看，所以我盡全力工作以提升數據，下週我的數據就有爆炸性成長，一天可以處理超過三十張票券，但這沒有持續太久，我很快就覺得疲憊和受挫，整體的成果還是讓人失望，我永遠都追不上快樂工程師們達成的成就。

第一個禮拜時，我真心覺得幫忙別人很不錯，就像是疏通一條小溪，讓快樂的小魚可以流過，每張處理好的票券都讓我有種感覺，覺得世界又變得更好了一點。但隨著時間流逝，我卻越來越不爽，就算是需要花點功夫才能解決或解釋的票券，卻只有一個人會因為我的努力受益，這讓我頗為困擾，而且當那個人因為我的努力成功解決問題後，他也只會就這麼丟到一邊，再也不會去看。我再也沒動力把事情做到完美，只要還過得去就好了。這和我想當作家的原因完全相反，如果我出了一本超棒的書，這本書就會流芳百世，有幾萬人讀過，因而有個好理由讓我盡量把書寫好，但處理票券的努力帶來的是完全相反的效果。每過一天，我的士氣就越低迷，因為我的文學野心讓我對文字頗為傲慢，不適合大量寫作。

即便我用盡全力，客服訓練還是狠狠教訓了我一頓，最後一天我完成了微不足道的四張票券，那個月總計完成兩百五十二張。而在費城驕傲完成工作的快樂工程師安東尼‧布別在大致同樣的時間內，則以一千八百一十張坐收。我結束客服訓練後雖然

士氣低迷，卻也受到鼓舞，我很確信如果所有新進員工都和我一樣必須從第一線開始，那麼所有組織的表現就都會進步，不像其他公司爲剛畢業的新進員工舉辦的空洞員工訓練，我可以驕傲的說我透過實際的工作，不僅同時協助了用戶、增進我對產品的知識、還和超過十二名同事成了朋友。不過即便我覺得這對身爲員工的我來說非常好，但對於最終要加入新的團隊、開發新的事物，仍讓我頗爲膽顫心驚。

CHAPTER 4

文化永遠會獲勝

在我的故事繼續之前，我必須先告訴你 WordPress 的創辦過程。不只因為這是個好故事，雖然確實是，但也是為了要介紹他們的公司文化，並將其視為本書中的一個重要角色。我不會用廣博的人類學理論讓你覺得無聊，我會把這件事留給學者們，不過我很確定，要了解一個地方，你必須研究其文化如何運作。失敗的文化研究造成的其中一個重大謬誤，就是誤以為可以從某個文化中拿一個習俗，直接塞進另一個文化中，並期待得到相同的結果。多數糟糕的管理者所做的事，就是假設他們的工作只是要找出可以塞的新東西，還有可以塞進的新地方，卻從來不相信他們需要理解該系統，也就是稱為文化的人類系統是怎麼運作的。多數人都像電視壞掉時會去拍打側邊的受挫智障一樣，還不了解系統就貿然行動，這幾乎很少會帶來幫助。

這種悲劇管理習慣的絕佳例子，便是一九九九年時知名設計公司 IDEO 上了 ABC 電視台的人氣節目《夜線》，他們在其中示

範了一個叫作「深潛」的腦力激盪技巧，在五天內重新設計了賣場的推車，數以百計的公司很快也開始進行他們的半吊子深潛，結果令人跌破眼鏡的失望。

不知為何，即便某些公司認真遵照所有步驟和規則，卻還是缺少了某個元素，而無法重現在節目上看見的效果，缺少的材料當然就是最基本的那個：負責參與的人們。《夜線》觀眾所工作的地方，員工的設計天分並不如IDEO，但除了天分之外，IDEO的員工示範深潛時，也沒有特別強調他們共享的價值和態度，但方法要能夠成功，這些東西其實非常重要。膚淺的模仿，用人類學術語來說便稱為「船貨崇拜」，典故是來自原始部落在廢棄機場的錯誤祈禱，祈求當年飛機帶來的貨物能夠再度回來。

即便多數嘗試的組織都是徒勞無功，每年仍會出現全新的熱門工作潮流，這些潮流常被吹捧成革命，也常常和當時賺最多錢的公司掛鉤，休閒星期五、腦力激盪課程、精實生產、六個標準差、敏捷思維、矩陣式組織，甚至Google支持業餘專案的百分之二十時間等概念，都大為風行，可說是工作空間的銀彈。這些潮流的前景都很輝煌，成果卻從來都不是這樣，公司很少會因此支持或獲益，這些概念只顯示了成果會多麼膚淺而已，除非是套用在足夠健康、能夠提供支持的企業文化上。不管是多棒的方法，都不可能把蠢同事變成聰明的同事，而且要是根

本沒有好理由這麼做，也沒有任何方法可以像變魔術般，使員工彼此信任或信任老闆。

最棒的方法，或許也是唯一的方法，就是老老實實檢視文化。然而文化卻比會議技巧或是創新方法還難理解，而且還很恐怖，因為不像技巧全都是和邏輯有關，文化是奠基在情感上的，就算他們有勇氣嘗試，也很少有人有技巧能夠評估某個文化，更遑論改變了。什麼都不做，等待下一股潮流到來，躲在後方，希望新方法的刺激能讓所有人轉移焦點，不會發現上一個方法影響多麼有限，反而更為安全。

我的 WordPress.com 故事開始至今，遇見的所有員工都聰明、有趣、樂於助人，公司大規模地投資工具和系統，卻把責任交給員工，就連像我這樣的新進員工也是，可以自己決定要用什麼方式、在什麼時候、在什麼地方工作。這些文化屬性並不是在公司創辦數年後才因為採用某些技巧而來，那麼，這究竟是怎麼發生的呢？

二〇〇二年，我受聘進入公司八年前，馬克·祖克柏創辦臉書兩年前，剛從休士頓某表演藝術學院畢業、十八歲的麥特·穆倫維格前往華盛頓，他是個熱情的攝影師，想要把這段旅程拍的照片，上傳到他的人氣照片網站 photomatt.net 上。他當時用的是一個叫 Cafelog 的架構，但越用越不爽，他不久前得

知撰寫這個架構的主要程式設計師米歇爾·沃德吉人間蒸發，Cafelog 網站上的更新全數停止，電郵石沉大海，麥特於是認爲這個架構應該差不多了，他必須改用另一種，這是個痛苦的決定。但他更擔心的是這件事：他和其他程式設計師在道德想法上不太一樣，他們對使用者使用程式都有所限制，而麥特覺得這樣不對。

多數軟體都有著作權，而且是封閉的，Cafelog 的規則卻不同，沒有著作權，而是使用某個叫作開源授權條款的東西，又稱 copyleft，這代表任何人都可以複製 Cafelog 的原始程式碼，想怎麼使用就怎麼使用，包括打造 Cafelog 的競爭對手，這種複製品稱爲分叉（fork），就像道路的分叉。不便之處在於任何這麼做的人，不管打造出什麼東西，都必須使用同樣的授權條款，這是個小規則，卻有大意義：確保了軟體內部的構想可以延續，並以原創者從沒想過的方式發揮效用。最常見的開源授權條款叫作通用公共授權條款，又稱 GPL（general public license），許多開源專案都是使用這種授權條款，Cafelog 也是。

這個強大的構想啟發了麥特，並讓他有了選擇。雖然他高中時主修的是薩克斯風，但他也懂得怎麼寫程式。他爸是個工程師，在對於電腦方面的興趣上非常鼓勵麥特，進而孕育出他為朋友或是在學校完成一些小專案，雖然這些都只是輔助專案，修復別人的軟體問題而已。他認為或許自己擁有技能，可以創造更具野心的事物，還知道唯一的方法就是放手嘗試。開源授權條款正好賦予了他自由，可以接續 Cafelog 未竟之事。

二〇〇三年一月二十三日，在一篇題為〈部落格軟體困境〉的貼文中，他在網站上宣布他即將展開一個尚未命名的全新專案：

我的後台程式已經好幾個月沒更新了，主要開發者人間蒸發，我只能祈禱他沒事。
那該怎麼辦呢？嗯，Textpattern 看起來就是我夢寐以求的選項，但這看起來應該不會屬於任何我在政治上能夠同意的授權條款，幸好 b2/cafelog 用的是 GPL，代表我可以用現有的程式碼庫創造分叉，整合所有如果米歇爾現在人還在，他應該也會著手進行的酷東西。就算我一年後完全從地表上蒸發，我的成果也永遠不會消失，我寫下的所有程式碼都會免費提供給全世界，如果有人想用，就拿去吧，我已經決定我要進行這件事的步驟了，我現在需要的只是個名字。這個軟體會有什麼功能？嗯，如果能結合 MovableType 的彈性、TextPattern 的語法、b2 的擴充功能、Blogger 的簡便設立，那一定會很棒。總有一天可以的，對吧？

他不確定該期待什麼，他的網站很受歡迎沒錯，但能為這個嘗試帶來多少幫助還不知道，不管怎樣，他已經決定全心投入，由於一開始沒半個人回應，看來他似乎是要自己一個人工作了。他的宣示貼文放在網路上，全世界都可以看到，卻沒有半個人回覆，甚至都沒人祝他好運，即使是熱門部落格，文章頭幾個小時沒有獲得關注，很可能就此不會獲得任何關注。

但是隔天，另一個也用過 Cafelog 的程式設計師麥克・立托回應了：「麥特，如果你認真要分叉 b2（也就是 Cafelog），我很有興趣幫忙，我確定社群裡應該也有一兩個人會想出力。」

就這樣，沒有其他人問問題或幫他們加油打氣，這則貼文超過一年都只有立托一個人的回覆，如同其他大多數改變世界的事

件，這對任何人來說似乎都不是很有趣，除了那些願意貢獻的人之外。

由於他們只有兩個人，所以兩人的工作速度都可以很快，卻不會讓對方不爽。立托在英國工作，麥特則待在德州，不久後麥特的某個朋友建議他 WordPress 這個名字，幾個禮拜後他們發布初版時，也就這麼叫了。到了二〇〇三年六月，他們發布了 .71 版，此時便已超越 Cafelog 的成就，並迅速獲得科技圈名人的關注。一個超棒的驚喜是 Cafelog 神祕的原始開發者米歇爾・沃德吉也加入了這個專案！他的回歸不僅證明了 WordPress 前景可期，同時也是向其他程式設計師表示，一起進行這個專案的人都很好相處。八月時，就已經有超過一萬個部落格使用他們的架構，數字還日益上升。

一個月後，我的人生第一次和 WordPress 相交。二〇〇三年九月，我辭掉微軟經理的工作，我花了一整年，才在從事這份工作的第九年找到勇氣離開，我和麥特一樣，正位於人生的叉路，但方向卻不同。他才剛開始某件事，我則是要離開某件事。我在微軟的職涯頗為成功，我在網際網路崛起時參與了 Internet Explorer 的前五個版本，我從很棒的主管和同事身上學習，而且有機會能發布許多五花八門的專案，但我害怕的是如果我待在同一個地方十年，那我可能就此雙腳麻痺，永遠走不了。我想要一個有趣的人生，雖然還搞不太懂這到底是什麼意思，我

還是很確定替同一間公司工作十年，並不會幫助我釐清這個問題。我說服自己如果我離職，我的視野會更開闊，自願離職表示我不會有包袱，可以自由學習新的生活方式，而成為作家似乎是個朦朧可行的目標，於是我便啟程了。

二〇〇三年夏天我邊計劃離職，邊找軟體架設部落格，好讓我寫的東西在網路上多點曝光度，當時最有名的架構是 Movable Type，但我才安裝好幾分鐘，就發現我討厭這東西，說明頗為複雜，很容易就搞錯。安裝軟體就像第一次約會，如果對象沒禮貌、不聰明、不大方，那我之後還要期待什麼？我於是搜尋其他方法，並發現了 WordPress，不到五分鐘，我的部落格就誕生了，一切都這麼容易，我不禁想起剛剛用 Movable Type 的經驗，懷疑是不是錯過了什麼步驟。

二〇〇三年九月二十一日，我自由的第一天暨我作家生涯的起點，我第一次在部落格發文，用的就是 WordPress .71 版：

今天是我在微軟的最後一天，想著要去做其他事的好幾個月（或好幾年？）已經結束了，我現在離職了，交還我的勳章，離開 A 棟。我在外頭站了整整十分鐘，凝視著建築物，並對「之後就算我想回去，我也進不去了」的想法大笑。

我有幾個月的時間可以思考接下來要幹嘛，我對自己感到很驕傲，

因為完成了某件讓我嚇尿的事。

WordPress 跟所有的好工具一樣：沒有擋我的路。使用起來又簡單又快速，而且完成了我想完成的事，我喜歡背後的設計精神，WordPress 是開源軟體這件事對我來說沒什麼意義，我喜歡開源軟體的概念，但我沒有在乎到會因為這點影響我的選擇。我大學讀電腦科學時就曾使用過開源軟體，包括喝咖啡硬撐在 EMACS 上寫程式的無數個小時（這是個超讚的編輯軟體，由理查・史托曼發明，就是他創造了 copyleft 這個字），我也會用其他開源、免費、公共的軟體，但我並不是因此才選擇使用。

不過對麥特來說，開源是核心宗旨，他在乎這個原則是如何吸引相信類似價值的人。程式設計師會自願幫 WordPress 寫程式，主要就是因為他選擇的開放式工作準則，WordPress 貢獻者的所有討論都是公開的：所有討論、決定、修復錯誤、特別的點子都向所有人開放。任何考慮幫忙的人，都能輕易得知跟麥特、立托或其他開發者合作起來會是什麼樣子，他們是講理又友善，還是充滿敵意、滿心戒備？只要讀幾頁網頁，任何人都能輕易得知，這樣的公開透明在 WordPress 的文化中種下一顆重要的種子，大家的一舉一動，都是在知道未來貢獻者會看到的情況下進行，而且因為不會有面對面會議，你有多會用文字表達自己，對博得美名可說頗為重要。

到了二〇〇三年八月，WordPress 的人氣和自願貢獻者的數量急遽成長，接下來的五年間也都是如此。二〇〇七年時，WordPress 已成為網路上最受歡迎的軟體之一，眾人將麥特・穆倫維格視為一名遠見家，他同時也名列《彭博商業週刊》和《時代雜誌》的世界最具影響力人物。這整個過程令人驚豔，對他本人來說更是特別深刻，因為他從來沒有想過這會發生，更別說他還這麼年輕了。使他興奮的並不是這些數字或是讓他發大財的潛在機會，而是他透過 WordPress 免費提供的發表工具，看見了人們在網路上表達自己意見的數千種不同方式，包括分享故事、課程、照片……等等，他想要確保表達意見對所有人來說都是民主的，不只是今年或明年，而是永永遠遠。

WordPress 的文化是按照實際需求成長，一次一個決策，麥特和其他貢獻者在做許多決定時，根據的都是對這個專案來說，怎樣才是最好的，不過最後仍是浮現了一種準則。我訪談了麥特和其他貢獻者，將這個準則淬鍊為以下三個部分：

・**公開透明**：WordPress 社群的所有討論、決策、內部爭論都是公開的，沒有任何隱藏。背後的精神在於，如果你不願意在社群成員面前說出某件事，那麼你對這件事又有多少把握呢？

・**能力至上**：投注更多時間、做出更多貢獻的人會獲得尊重，權力是靠自己爭取，而不是他人給予的。WordPress 沒有什麼

職銜或頭銜，比起做出成果或修好錯誤的人，只會抱怨的人不會得到太多尊重。

· **永續發展**：麥特永遠記得 WordPress 是從一個失敗的專案誕生，他想確保這個專案會永遠持續下去，開源授權條款表示就算麥特變成邪惡麥特，不斷嘗試又嘗試，想要摧毀 WordPress，某個人永遠都能分叉這個專案，繼續做下去，不像為封閉專案貢獻，對 WordPress 的貢獻會是永恆的。

以上這些態度都不是強迫到位的，這些理想是麥特和立托想要一起工作的特質，也在整個 WordPress 社群中演變成習慣，看看社群今天的規模，你會以為一定是有某種超能力，才能讓人們在自由工作的同時，又遵循這些原則，這是因為麥特的魅力嗎？大家期待透過貢獻找到工作嗎？沒有簡單的答案，這個文化跟所有文化一樣，是從小種子開始萌芽成長，而沒有任何單一的決定可以定義某個文化，文化是從領導者和貢獻者的來回之間浮現，強化某些東西、推開其他東西，影響第一批貢獻者的，是麥克·立托和麥特·穆倫維格對彼此合作的共同態度，每當有新人加入，也會試著融入，進而強化這些東西，不喜歡這種文化的人就會離開。WordPress 開始流行的時候，就算他們沒有注意到，或是不知道原因為何，這些價值也都已經固著在社群中了。

公司創辦人時常要到很後來，才能完全理解他們當初種下的種子。才華很難找到，特別是對新創立的組織來說，這使得領導者可以為自己急著雇用自私、傲慢、好鬥的人辯護，但假如你想在同事間建立大方又有自信的文化，那這就是文化毒藥。創辦一間公司，甚至是成立一個專案團隊，都是非常困難的挑戰，但是為了倉促生存，創辦人雇人常常只是為了解決眼前的需求，卻同時帶來了長期的問題。這個錯誤相當常見，羅伯·蘇頓甚至為此寫了一本專書《拒絕渾蛋守則》，以協助主管了解這類雇用對公司文化造成的傷害，不管領導者給予渴求的下屬多少金科玉律，要他們「多合作」或「團隊行動」，如果他們雇來的人本來就擁有有害的習慣，那就都沒有用。當然如果領導者本身就是渾蛋，那更是完全沒救了。在開源世界中，一個不滿的自願者總是可以決定分叉專案（fork the project），讓專案順著自己想要的方向發展，這是企業從來不會提供的逃生閘門，可以逃離悲慘。

麥特有一小段時間曾在 CNET.com 工作過，但持續不到一年。在那段時間中，WordPress 和 Movable Type 之間的競爭變得更白熱化、更充滿敵意，而在 CNET 的時間，也讓他理解到 WordPress 社群自身的極限。雖然 WordPress 是免費的，但使用者們仍然需要屬於自己的伺服器，而這只能靠他們自己去架設，於是他為了確保 WordPress 穩固的未來，他決定創立一間小公司，聘請幾個全職程式設計師來進行這些專案。二○○

五年八月，麥特詢問了三名 WordPress 社群中著名的自願程式設計師，唐查‧歐奎夫、安迪‧史凱爾頓、萊恩‧勃倫，請他們辭掉工作，加入他白手起家的新公司。麥特對他們開誠布公：告訴他們背後沒有創投資本，並完全承認才二十一歲的他對之後要做的事，沒有任何相關經驗。他同時也提醒他們，這間公司背後的核心宗旨會是開源，這讓一切聽起來甚至更瘋狂了，因為這表示他們開發的所有東西，裡面的每一行程式碼都會是使用 GPL 授權條款，但他們說好，工作就此展開。

那間公司叫作 Automattic，玩的是「automatic」這個字，然後故意拼錯，把麥特的名字包含在裡面，他們的第一個產品是 Akismet，供 WordPress 使用的防垃圾訊息外掛程式。幾個月後他們便發布了 WordPress.com，讓世界上所有人都能使用 WordPress，完全免費，也包含主機，而且只要 WordPress 的自願者社群發布新版本，就會自動更新到 WordPress.com 上。二〇〇五年十一月，WordPress.com 發布，不到幾個禮拜，就有十萬個部落格在使用這個新服務，這對 Automattic 來說是個超棒的消息，但對 WordPress 社群裡的某些人來說頗為困擾，他們擔心這間公司還有 WordPress.com 這種私人服務的存在，會和 WordPress 的開源價值相牴觸。根據 Automattic 所做，各種 WordPress 佈景主題、外掛程式、相關服務的競爭，都會靠向他們那邊，對他們有利，因而對數百個選擇依靠 WordPress 維生的獨立網頁和佈景主題開發公司來說，情勢仍

然頗爲緊張。

到了隔年，Automattic 已經有十八名員工，其中許多人麥特都沒有親自見過，他完全透過線上共同工作後，從 WordPress 社群裡挑出他們；公司從 Akismet 賺到夠多的收入，可以應付支出；在二〇〇五年十一月，同時從 Blacksmith 公司和 Polaris 公司獲得一百一十萬美元的資金，之後在二〇〇八年也會再和 Polaris 及 True Ventures 進行第二輪募資，總額兩千九百五十萬美元。

那個月稍後，和麥特在舊金山吃了一頓超久午餐的東尼・史奈德加入 Automattic 擔任執行長，史奈德是 Yahoo 的前高階主管，曾創辦及領導多間成功的新創公司，包括 Yahoo 收購的電郵服務 Oddpost 以及後來美國線上（AOL）收購的 Sphere，這使他成爲沒有什麼管理經驗的麥特的絕佳夥伴。

史奈德對如何創造優質的公司文化有明確的想法，麥特也頗爲同意，史奈德當時看見的其中一個主要問題，便是公司把法務、人資、資訊科技等輔助角色，和設計與研發的產品開發角色搞混，產品開發是所有企業眞正的才能所在，特別是一間宣稱押寶在創新的公司。其他角色無法開發產品，應該要服務能夠開發產品的部門才對，而其中一個經典錯誤，便是當 IT 部門命令產品部門應該開發他們可以使用的產品。如果某個部門效率

不彰，那也只能是輔助部門，而不是開發部門，如果這些輔助部門，包括管理部門在內，宰制了公司發展，那麼犧牲的絕對是產品的品質。

麥特和史奈德有志一同，打算創造一間永遠不會違背這些基本原則的公司，他們只想雇用知道怎麼開發優質產品的員工，並以他們為中心，打造公司的架構，讓他們得以發揮潛能，並且盡可能不要擋他們的路。WordPress 自願者社群的自主性非常符合這個理想，兩人也大力推動，將其當成 Automattic 的核心宗旨，他們想要避免階層制度、官僚體系、所有會干擾有才華的人發揮潛能的事物。

WordPress 的簡單願景一直都是言論自由民主化，這代表他們想要讓所有人，不管身在何處，只要有話想說，永遠都能免費說出來，但價值並不在於某種你擁有的東西，而是在於你運用的東西。任何人都能宣稱他們相信任何事，但問題在於他們的行為能反映出多少他們的信念？WordPress 的開源本質和免費的 WordPress.com，確立了這些價值可以維持很長一段時間，而且 Automattic 也時常參與各種支持言論自由的抗議活動。二〇一一年一月，當某個叫作《禁止網路盜版法案》的聯邦法案威脅到言論自由時，WordPress.com 將整個首頁留白，和其他數十個網站一起串聯抗議，麥特不僅持續透過 WordPress 的政策，投入各種保障網路言論自由的方法，也透過參與整個產

業大規模投入。身為作家，我發覺能夠在一個積極支持言論自由的地方工作，實在是頗為感人。

二〇一〇年八月我受聘時，是公司的第五十八名員工，總共有兩千萬個部落格使用 WordPress 的架構，而且其中有將近半數是直接設立在 WordPress.com 上。麥特理解他為了 WordPress 所學會的價值，對他想要在 Automattic 繼續打造的公司文化來說，是多麼重要，於是寫了以下會在公司官方文件中出現的宗旨，他寫給我的錄取信中也有：

我永遠不會停止學習，我不會只做指派給我的工作，我知道不存在什麼東西叫作維持現狀，我會為了熱情和忠實的用戶，來永續打造我們的生意。我永遠不會錯過協助同事的機會，我會記得在我懂得一切之前的所有日子；影響力比金錢更能驅策我，我知道開源構想是我們這一代最強大的概念之一。

我會盡量溝通，因為這是一間分散式公司賴以生存的氧氣，我在跑一場馬拉松，不是一場短跑，而且不論距離目標還有多遠，抵達目標唯一的方式，就是每天都抬腳往前，如此假以時日，便能克服所有困難。

這是我看過寫得最好，也最簡潔的錄取信，其中所有的法律用詞，都以 HTML 標籤標示，寫著 <Legalise> 和 </

Legalise>，，使我不禁露出微笑，這不是出自什麼冷淡沒人情味的法務部門，我的錄取信感覺更像是一封來自真人的信，而那個人在意細節，還有幽默感。這是在一個我從未料到會發現文化的地方，對文化點頭致意，定義一個文化的，是這些小小的決定，而非輕易放進演講和電郵的文化宣示，即便我對所有組織的宗旨都抱持懷疑，因為很容易就能忽視，我仍是滿心期待，準備建立我自己的團隊文化。

CHAPTER 5

您的會議將以打字進行

八月二十四日星期五，我在快樂團隊受訓的最後一天，我的第一場團隊會議來了。這是那種最糟的會議，那種沒人知道自己幹嘛在這裡的會議。我的三個程式設計師，麥克、包、安迪，手上都有其他專案，沒有辦法再處理新的任務，接著是只有一個任務的我，一個我在快樂團隊的輔助邊線上觀察了三個禮拜，因而無可避免過度熱切的任務，那就是讓我的團隊感覺起來像是個團隊。棺材上的最後一根釘子則是，雖然其他團隊都有明確的目標，比如快樂團隊就是要做客服，NUX 團隊則是要負責新的用戶，我們社交團隊的目標卻是其中最廣泛的，我們有一長串現有的專案，加上針對所有人完成的專案該怎麼辦的擱置決定。而這場會議的棺材上不受歡迎的另一根額外釘子，如此堅實，就算你拿一根核動力的撬棒來也拯救不了。就算我決定帶頭進行自我介紹，歷史上數百萬個討人厭的會議都是如此敲響靈魂枯竭的死亡喪鐘。唯一的好消息是這場會議為時短暫，短暫的會議永遠不會錯，除非等某天你結束一場會議，然後有其他人表示：「等等！我們可以開

久一點嗎？」不然覺得會議已經開太久了這想法，總是很安全。

由於我們彼此都相距數百公里遠，我們用 IRC 來開會，這是公司少數真的開會時的標準程序，IRC 的意思是網際網路傳輸聊天，在軟體圈可說是個老古董了，這個軟體是在一九八八年發明的。好笑的是，像 Automattic 這麼一間年輕的公司，竟然會使用這麼古老的軟體，但要了解其中的笑點，就必須要年紀夠老，知道 IRC 是什麼時候發明的。畢竟許多 Automattician 約莫都是在一九八八年左右出生，IRC 對他們來說這麼老，老到沒人注意到其年紀，很像是你躺在公園裡的時候，不會停下來思考身下的泥土有多老一樣。我也避免任何類似「我在你們這個年紀的時候」的碎念，因為我也還清楚記得身為團隊中的年輕人，聽到這些碎念的情況，這裡的文化不會來適應我，我得要自己去適應文化，至少現在是這樣。

多數人都懷疑線上會議行不行得通，但他們不知為何，也都忽略了大多數實體會議其實也行不通。線上進行確實代表所有人都有可能分心，但是今日也有一堆實體會議充滿著筆電打開的人們，還會互傳訊息說開會有多無聊。我對會議的理論很簡單：如果正在討論的事情很重要，大家就會注意聽。就算是在全宇宙最無趣的公司裡，如果我表示要開會決定誰會加薪百分之五十，一定會得到所有人的全部注意力。會議的概念本身並沒有錯，如果開會的人認為這是在浪費時間，那要不他們是錯誤的人選，

不然就是正在討論的東西還沒重要到需要開會。如果討論的大部分是重要決策，而不是搞些有的沒的，那不管是實體或線上會議都很好。

在 IRC 上開會很簡單，概念跟在你的手機上傳即時訊息或留訊息一樣，如果你有話要說，就打字，當你按下送出，其他人就會看到，就這麼簡單。你先從一系列可能的頻道裡挑一個，然後就會跳出一個視窗，如果其他人也和你在同一個頻道，你就能看到他們名字的列表，我們的頻道名稱叫作 # 社交，快樂團隊的叫作 # 快樂。我們整天都會把 IRC 程式打開，放在背景，所以如果有人要問問題，或是想要閒聊，就可以回覆。開會的話，我們會挑一個時間，然後每個人準時上線，如果有人遲到，我就會去敲他們的 Skype，一切都很直截了當又簡單，如果你有段時間不想受到打擾，你可以設定一下，說你在忙。

公司的規矩是任何人都能加入任何頻道，沒有密碼或限制，你常常會看到其他團隊的人在你的頻道裡潛水，而且就算你沒看到他們，大家也都知道所有頻道的對話都會記錄下來，這表示你只要進去某個內部網站，就能找到公司 IRC 裡過去所有對話的歷史記錄，還有搜尋功能。一開始這對我來說是蠻極端的，但我知道美國所有公司都有權利檢視員工的電子郵件，公司內部的溝通屬於公司財產，至少在 Automattic 這裡，規則清楚又公平：不只是主管，而是所有人都有權限。麥特及亞當斯和

我解釋，公司的原則是如果有人錯過某個對話，或者剛進公司，就可以回頭去檢視當初實際的討論，這是從 WordPress 開源專案本身繼承而來的許多習慣之一，代價則似乎是由於大家知道自己說的話會受到記錄，因而改變了他們願意說的事。我從來沒看過採用這種政策的公司，於是我決定繼續觀察，看看這到底是不是真的。

遠距工作、IRC 會議、對話紀錄三者的激進結合，再次證實了我一直以來都知道的事：開始一份新工作會讓你成為一名傘兵。你跳出安全舒適的飛機，著陸到你只在簡略地圖上看過的地點，而地圖是由那些最希望你跳下去的人所繪。這些地圖比實際風景更開心更棒，但你還是希望地圖是真的，於是你就相信了，因而多數的傘兵和新進員工，從來不會正好在計畫中會著陸的地方著陸，也不會是按照計畫內的方式，問題只是誰會先發現這點而已。之前我曾接受過微軟不同團隊的新職務，但在我群發電子郵件給兩個團隊成員，宣布我的職位調動之後，我才發現那個屬於我的職務已經不存在了，真糗。至少在 Automattic，即便我第一天領導團隊時還一頭霧水，我還是成功著陸在某處了。

我心裡惦記著傘兵的比喻，在抵達之前就準備好讓自己登陸 Automattic，並列出了自己的優勢清單：

· 我曾領導過許多不同的專案

- 我很會決策和設計東西

- 我很會溝通

- 我很會分辨狗屎爛事

還有我的劣勢：

- 我已經七年沒做這些事了

- 我從來沒待過開源專案

- 我不是 WordPress 專家

- 我不是程式設計師

- 我在這裡不會跟別人面對面說話

在我的劣勢中，最後一點尤其讓我擔心，因為過往在艱困情況下拯救我的才能總是溝通，這聽起來可能很老套（確實也很老套沒錯，我終於老到願意接受有時候鐵錚錚的事實一點都不棒也不酷，而是愚蠢、老套、無聊），我過往在工作上遇到的所有難題，口袋中的王牌都是我能夠把人拉到一旁，和其連結的

能力。如果有人心情沮喪、進度落後、生氣，我會私下和他展開一場坦蕩蕩的對話，我最後要不是閉嘴傾聽並理解，就是能夠說出某些能夠讓事情繼續往前的話。但在 Automattic，這項優勢蕩然無存，我不再能走下走廊，走進某人的辦公室，然後關上門。這是遠距工作唯一嚇壞我的部分，我不覺得 Skype 會有同樣的效果，但我知道我必須試試看。

我在客服部門受訓時，除了經常修改以上兩份清單，我還列了另一份優先順序的清單，列清單是個釐清思緒的好方法，你寫下想法、琢磨想法、組織想法，甚至會和其他人分享，而如果你願意花心力去列優先順序清單，你就可以把偉大的願景濃縮成幾句簡單的句子。因此，我跟掙扎中的團隊成員說的第一件事總是 ML（Make a list）：列清單，列出需要解決的問題或是需要處理的議題，從他們的腦子裡把這些事逼出來，寫在紙上。寫下來後壓力就不會那麼大了，接著把這些事情按照重要性排序，用大家都可以懂的方式：什麼事最優先，什麼第二個……等等等。製作良好的優先順序清單，是所有傑出領導者會做的第一步，同時也是人氣計畫方法的核心，比如看板（Kanban）和敏捷式管理（SCRUM）。

在我開工後的前幾週，我的優先順序清單慢慢形成，其中一件事不斷升到首位，而直到這件事成功之前，清單上的很多其他事都不可能實現，我的優先順序清單看起來就像這樣：

· 信任就是一切

不管我對社交團隊有什麼宏大的願景，假如包、亞當斯、皮特林不信任我，那就絕不可能走遠，他們才剛認識他們的新老闆，雖然因爲是麥特直接聘用我，所以我已經擁有絕對的信任，但要是他們認爲我是個智障，這也不可能撐太久。

現在讀起這份清單，看起來就像陳腔濫調，又不是說全世界會有幾百萬個員工讀到我的清單，然後才突然頓悟說：「信任？噢，我以爲在同事背後捅刀是件很棒的事，所以我才在升職巴士的輪子底下丟了那麼多刀子。」我知道信任是很明顯的事，但即便明顯，卻頗爲罕見，陳腔濫調之所以常常是陳腔濫調，就是因爲事實便是如此（這也是句有關陳腔濫調的陳腔濫調啦）。因爲已經講到爛了，所以大家很容易忽略信任，但這是個錯誤，就像雖然愛跟快樂是很氾濫的字，但卻仍然很罕見一樣。我們更願意去相信，我們需要的是一個重大突破，是一個我們先前從未聽過的偉大構想，然而這也是個錯誤，知跟行的差距是很大的。

多數管理者表現差勁的原因，就是因爲他們忽略根本，而根本很可能包括獲得同事的信任，信任要花很多代價建立，要摧毀卻很容易，這就是信任罕見的原因。有鑑於我的劣勢，我把賭注押在耐心上，這是唯一能夠發展出尊重的方式，而我的領導需要尊重，第一次開會是個錯誤，因爲我太迫不及待、不夠有耐心。

其中一個小技巧就是負責記錄，如果你負責做筆記的任務，大家就有機會可以看看你是怎麼想的，如果他們發現你的紀錄準確又真實，你就會在信任上得到一分；如果你總結複雜事物的方式也簡潔又準確，那你又會再得到一分。如此一來，很快就會有足夠的信任，來領導決策和進行更大的賭注，大家常把負責記錄視為雜務，但其實有很大的好處，特別是在像Automattic這樣極度不正式的文化中。

Automattic當然沒有正式的會議紀錄，IRC紀錄的用意就是要去除總結的電子郵件和妨礙組織的正式程序，他們挑好工具，把權力交到員工的手中，並讓工作維持民主。而身為一間依賴部落格維生的公司，部落格本身在公司內部的溝通上扮演重要角色，應該毫不令人意外，有個叫作P2的特別部落格佈景主題，就是為了這個理由所創造，這個佈景主題在公司非常受歡迎，因此成了內部部落格的名稱，比起說「你可以把那個貼在我的專案部落格上嗎？」你會說「你可以把那個貼在P2上嗎？」，這是我唯一看過的WordPress佈景主題，在名稱的地位上超越部落格本身的。P2這個名稱是來自「專案日誌」，當時負責的程式設計師喬瑟夫・史考特和麥特・湯瑪斯，他們需要一個目錄放工作成果，於是就將其稱為「序幕」（Prologue），第二版發布後，就簡稱為P2。

P2運作的方式簡單又高明，和37signals開發的溝通工具

Basecamp 頗類似，所有用瀏覽器進入 P2 的人，都會在最上方看到一個大框框，如果他們有問題、想法、抱怨，可以在框框裡打字，然後按下送出，接著訊息就會出現在下方的清單中，就是這麼簡單。所有貼文都可以隨意回覆，還有自身的 URL 可以引用，這個設計是受到推特啟發，簡便又迅速，而且因為是在 WordPress 上，也很容易就能加入功能或自訂。

各個團隊在八月建立後，每個團隊都開了一個新的P2，這是指出一個團隊存在最簡單的方法，是對 WordPress 世界中所有人做出基本的存在宣示：我部落格故我在。包創立了社交團隊的P2，但沒有做什麼特別的裝飾，其他團隊則展開了古老部落的命名儀式，挑選顏色跟符號。這都在預料之中，我到這時候幾乎還不認識的亞當斯，也試著幫我們的團隊進行第一次命名，就算是用最寬廣的定義來說，他也不是個設計師，所以這次嘗試可說勇氣可嘉。他用黑色幽默的方式開了我們的團隊名稱一個玩笑，使用現在成為壓迫象徵的蘇聯鐵鎚和鐮刀，當成我們P2 佈景主題的重點裝飾，他玩的是「社交」（social）這個字，在此不只是代表社群媒體，也代表社會主義。把美感先放在一旁，亞當斯此舉是替我們的團隊向公司表示我們是有幽默感的，無論這種幽默感有多扭曲。

Automattic 的溝通方式可以粗略分為以下幾類，

一、**部落格（P2）**：75%
二、**IRC**：14%
三、**Skype**：5%
四、**電子郵件**：1%

當然，由於 Skype 和電子郵件是私人的，以上佔比數據只是我的猜測，大多數電子郵件的使用，比例低歸低，都是為了通知

P2 上的新貼文或回覆，而我最終也必須每個月個別寄一次電子郵件給我的團隊成員，詢問有關我們彼此表現的深入問題。但是每天例行的事務，還是全都在 P2、IRC、Skype 上進行。P2 不只是記錄會議這麼簡單而已，腦力激盪、錯誤回報、討論、互嗆、說笑，都可以在全公司超過五十六個 P2 中找到自己主要的家。此外也建立了幾個給人資用的中央 P2 和一個可以閒聊的社交 P2，社交 P2 後來成了最活躍的 P2 之一。

在我超爛的會議結束之後，我在我們團隊的 P2 上發了第一篇文，這是對公司和我們自己表示我們存在：

二〇一〇年八月二十五日
社交團隊昨天進行了第一次團隊聊天，現在正是時候來解釋我們的任務。

一、我們的目標是要讓 wp.com 的使用者保持開心又活躍。
二、我們將更棒的社交工具視為促進開心和活躍的絕佳方法，當然如果有其他方法，我們也會進行研究。我們會小心不要把手段(社群媒體玩意兒)和目標(活躍／開心)搞混。
三、我們期待和 NUX 團隊一同和諧共事，他們的目標是全新的使用者體驗，我們則專注在現有和正在發生的使用者體驗，對使用者來說，一切都應無縫整合又美妙。
四、我們的團隊很新，開發人員還在替其他專案收尾，我們還需

要對現有的功能進行一些修修補補，所以很需要愛與關懷。

五、我們的第一個衝刺目標是專注在改善 IntenseDebate 上，把這個東西弄好，我們就能專心處理其他專案，你可以在 P2 的側邊欄目上方找到我們目前的衝刺目標→

六、以下是我們思考新構想的優先順序，我和麥特討論過，這些優先順序也能廣泛適用於公司的整體目標：

1. 改善使用者體驗
2. 增加市佔率
3. 提供擁有競爭力的優勢
4. 產生收入

七、我們有個現有的功能構想或要求清單，這還只是從 P2 上抓出來的粗略清單，團隊會在過程中刪改及討論，以思考出未來的專案走向。

目前大概是這樣，問題、回饋、想法都很歡迎。

沒半個人回覆，真的有人讀過嗎？他們不回代表什麼事嗎？我不知道，我必須去看看其他 P2 發生了什麼事，才能知道應該期待什麼，或是用 Skype 問問我團隊成員的意見。到目前為止，最重要的事項是第七點，我抓了幾十個我們繼承的功能構想，並列成一張清單，下一步則是要根據第六點的目標，整理好這份清單，有了整理過後的清單和我團隊的同意，我們就會擁有明確的目標、辦法，可以過濾掉比較不重要的分心事項。我會

根據我們發布的專案品質來評估自己的表現，而我們要發布什麼，則是由這份清單上的事項順序決定。

從其他 P2 學習是個挑戰，畢竟總共有五十二個，麥特和包都建議我用某個叫作 Jabber 的東西，這是個通知工具，功能和總機類似，會從各個 P2 接收通知，並提供過濾功能，讓我決定用什麼方式，以及在什麼時候收到通知。我討厭這東西，我按照預設的設定，結果每隔幾分鐘就會被打斷一次，我只好無情將其移除。要是我願意花時間自訂一下，或許會有用吧，但我堅持站在低資訊陣營這邊，我不相信什麼一心多用，除非我是在處理瑣事，而這是我想避免的狀況。一個普通的同事在某個不重要的 P2 上發了一篇普通的文章，這種事永遠不應該打擾我，我想要等我有興趣的時候，再去看那些比較不重要的資訊，而不是一直往我面前送過來。我的團隊在做的所有事都是極度重要的，對於當時的我來說，公司其他人在做的事都比較不重要。

我找到了一個管理 P2 更棒的方式，有一個自動記錄清單深埋在公司內部的工具網站中，會記錄所有 P2 的貼文和回覆，最新的會在最上面，每個條目都會顯示貼文是誰貼的、貼文時間、來自哪個 P2 等資訊，我每天都會來看幾次。打開瀏覽器分頁，按下重新整理，接著就能滑過從我上一次檢視以來，整間公司所有通訊記錄的清單。我會在另一個分頁打開我有興趣的條目，讀過裡面的對話，如果想要就回覆，很少人會用這種方式檢視

P2 的資訊，但到目前為止，這對我來說是最好的方式。麥特宣稱他讀過所有貼文和回覆，不過不是即時，他每個禮拜或差不多時間會更新一次，我完全不想這麼做，更不要說就算我這麼做了，也達不到他的程度。

我發第一篇 P2 貼文的當天稍晚，麥特和執行長東尼‧史奈德就舉辦了每個月的公司大會，麥特會選在他剛好所在的地方舉辦，這次他是在舊金山，史奈德因而可以加入他。公司大會的目的是要讓所有人可以直接接觸麥特，也讓他分享新的消息，有時候是和新的合作夥伴有關，其他時候則是和他新雇的人相關，任何重要里程碑、媒體報導，或是其他他想確保我們都知道、也理解的事都會在會議中提出，他會花前十到三十分鐘分享大新聞，接著開放提問。

為了支援這些公司大會的遠距性質，他們會同時使用視訊鏡頭和 IRC，麥特會在筆電上設置好鏡頭，我們剩下的人則會加入兩個不同的 IRC 頻道：一個是向麥特提問，另一個則是讓員工在麥特講話的時候閒聊。我們所有人分佈在世界各個角落，而會議如常進行，在八月的公司大會中，麥特談的大多是新建立的團隊，以及他想讓所有人都更自主、產能更高的意圖；九月的公司年會將在佛羅里達州海濱鎮舉辦，他也確認了相關計畫的細節。會議上也提出了和收入及公司策略有關的問題，大多問題都相當溫和，但也有幾個大膽的，IRC 頻道充滿許多笑話、

嘲諷的回覆、還有麥特在談的事情的相關連結，我們是一群活潑又自由的人，六十個員工裡共有三十五人參加。我發現我可以邊工作邊把公司大會當作背景來聽，聽到有趣的東西時再轉移注意力，我猜其他很多人也都這麼做。

公司大會的唯一實質指示是，要我們以兩週的時間作為工作循環。這對公司來說是個新嘗試，在這項命令發布之前，所有人都是自己訂定時間發布新功能，這項新命令表示現在有時程表了：公司現在期待程式設計師們攜手合作，按照時程表進行發布。在我的腦中，這招專案管理方式雖然聰明，卻充滿挑戰。如果你不事先預估作業時間，那麼挑選規模適合兩個禮拜的專

案可說頗為困難；但這麼短的時程表又會壓縮預估時間，背後的意圖是要強迫我們採取漸進式工作，階段性發布我們手上現有的東西，如果需要的話就再花兩個禮拜做同一個專案。但麥特對於到底該怎麼進行，沒有提供太多細節，其中的模糊性是設計過的：他想要每個團隊自行實驗怎樣才能行得通，讓公司可以同時擁有很多行進方式。

看著公司大會，我覺得頗為放心，雖然這個地方很不一樣，但基礎還是一樣的。IRC 頻道上的閒聊，能讓我觀察到這些還不認識的人個性如何，誰比較常打字？誰又保持沉默？誰會提出深入的問題？誰又會發問廢問題？所有人的個性都一覽無遺，彷彿我們是面對面即時在開公司大會。公司大會結束後，我充滿信心，覺得我可以和團隊成員連結，並想出一個計畫，這是個我們可以有所成就的地方，大門向我們敞開。

幾個禮拜後，我就有機會可以在海濱鎮和團隊成員面對面共事，並且第一次和許多公司同事見面，我很期待，花了很多時間思考到時候和我的團隊在一起時該做什麼。我會有多常和他們面對面共事的頻率還不清楚，而身為分散式團隊的菜鳥，這代表海濱鎮對我們來說會是非常珍貴的時光。

CHAPTER 6

大教堂小市集 2

二〇一〇年九月，公司年度大會在美麗的海濱鎮舉辦，城鎮就座落在佛羅里達州西北海岸線起伏的沙灘上。一九七九年時，小鎮創立者羅伯特・S・戴維斯決定在他閒置的地產上打造一座老派的沙灘城鎮，他雇用建築師以沿海聚落常見的老舊、風化的建築風格為基礎設計住宅。電影《楚門的世界》就是在海濱鎮拍攝的，這部片講的是一個活在電視節目裡的男子，大家都知道這是個節目，只有他渾然不覺，片子跟這個地方很搭。

當我獨自走過成排整齊的高級海灘住宅與經過精心打理的藝品店時，一直無法擺脫受到監視的感覺，一切似乎都太整齊、太完美、太有秩序了，我的不舒服來自此地委員會導向的美學，雖然頗美麗，但所有色彩、風格、住宅、商店，都遵守城鎮創立者留下的精細規則，很像是《建築文摘》裡的房子，漂亮卻沒有人情味。這座城鎮也為美麗犧牲了活力，一切都遵守某個宏大的計畫，由無所不知的建築師所制定。鎮上唯一的酒吧晚

2｜譯註：本章名來自於《大教堂與市集》（*The Cathedral and the Bazaar*）是埃里克・史蒂芬・雷蒙（Eric Steven Raymond）所撰寫的軟體工程方法論。

上十點打烊，入夜後也必須遵守噪音管制，我的個性太流氓，不覺得自己屬於一個這麼整潔的地方，但顯然我是少數這麼想的人，因為每年夏天都會有數千名遊客開開心心到此遊玩。Automattic 能夠租下這裡舉辦公司年會的唯一理由就是時機，九月中是到海灘遊玩的淡季，而且最近 BP 石油公司在墨西哥灣的漏油事件，也讓許多人對這個區域望之卻步。

以 Automattic 集合的地點來說，我們與海濱鎮的文化呈現鮮明的對比，因為這是個基本上相信控制的城鎮。他們運用嚴謹的規則來建立社群，而 Automattic 多數的價值則是和 WordPress 社群相同，相信自治、自由、自願。無論兩者的價值觀看起來有多對立，甚至不尋常到能激起專家質疑「真實」這個字究竟定義為何，海濱鎮是個真實的城鎮嗎？Automattic 是間真實的公司嗎？偷懶的批評者會用以下評論來概括，比如「這很棒，但不是真的」或是「這規模無法擴大」，暗指如果你繼續發展這個想法，就會失敗。但他們忘了去問更大的問題：如果某個東西很爛，那規模再大又有什麼用？為什麼規模會是最終目標，甚至是個目標？如果你是那種喜歡海濱鎮或是自己工作地方的人，你就不會需要規模變得更大。「無法擴大規模」是針對一個有可能很棒的想法最愚蠢的反駁之一，很棒的事物規模通常不會很大，而這也是所有事物一開始之所以很棒的部分原因。

在我能夠自由探索海濱鎮和 Automattic 的年度大會之前，我必須先逃離機場，機場在我抵達時詭異的空無一人，我發現有名司機在等我：一個身形高大、留著鬍子的安靜男人，手上拿著一個拼錯我名字的牌子。我們走出機場途中，他告訴我不要期待會有任何啦啦隊，我覺得這樣說頗為詭異，好奇地打量著他，思考或許他把我誤認成其他人了，或者這是某種綁匪在把頭罩套到你頭上之前會提到的事，但他邊指著停在外頭的巨大黑色巴士邊解釋道，他剛剛放下一整群競技啦啦隊員，沒有時間回去換台小一點的車。於是我必須在開往海濱鎮的一小時車程中，獨自坐在一台可以載四十個人的車子裡，沒有半個啦啦隊員或綁匪相伴，我怪異的交通過程頗為特別，算是我晚了幾天才到的懲罰。要是我和其他人一起抵達，我就會和其他 Automattic 的傢伙同行，全部擠進一台車裡，就像一群貧窮卻快樂的大學生，準備用一場有趣的旅行展開這個禮拜。尷尬的我獨自坐在空蕩蕩的車裡，不禁想像車上原本該充滿開心的 Automattician 彼此閒聊、說故事、分享那些你只能和每天一起工作的人分享的笑聲。這真是個反高潮的抵達，我覺得很孤單，不屬於這裡，我是派對遲到的新人。

下車之後，包帶我找到社交團隊待的地方：一間能夠俯瞰漂亮庭院，裝飾華麗的公寓。海濱鎮的主廣場是由三和四層樓的建築網路組成，每一棟都有斜斜的陽台、寬闊的走廊、有海景的瞭望塔，許多建築都是特殊風格，從維多利亞時代到後現代都

有，而且很難不受這些風格的完美混雜驚豔，甚至連我們分配到的公寓都有一座擁有寬闊雙扇玻璃門的美麗陽台，充滿某種高級海灘城市的魅力。我迅速丟下行李，並到公司租的其中一間大房子和包跟其他同事會合。

我們發現那是個活力充沛的派對，也是場吵雜的會議，一開始很難分辨究竟是何者，空間充滿笑聲的浪潮和友善的討論，有些人在用筆電工作，其他人則邊喝酒邊玩樂，但這幅混雜的景象顯示無論他們在做什麼，大家都想共處在同一個空間內。這是個巨大的空間，從一間寬闊的廚房延伸到十二人座的餐桌，再往外到一間放滿沙發的客廳，裡面有將近三十個人，而我假設他們全是 Automattician，但因為我只見過幾個人，所以很難確定。這看起來更像是場在很棒卻很宅的大學宿舍舉辦的派對，多數人看起來二十五歲上下，那些看起來比較老的人的穿著和行為，則彷彿他們也屬於這個年紀。

正能量和同袍情誼的氛圍無庸置疑，我正尋找破口融入，包則溜到一邊。但我很快便瞥見幾張熟面孔，哈妮給我一個溫暖的微笑和友善的擁抱，對一個看起來這麼年輕的人來說，她擁有一種慧黠辛辣的幽默感以及 3C 殺手的稱號，不過我到的時候她的筆電還好好的就是了。在客服訓練中也帶過我的澤朝我揮手並點頭致意，如同精通六種語言的他常做的那樣，他是公司中年紀比較大的人之一，而且也是主要的語言專家，負責

把 WordPress 翻譯成數十種語言，這是個困難而且常常吃力不討好的工作。幾週前的訓練結束之後，這是我第一次和他們見面，但這些隔閡都無關緊要，我們和其他同事一樣有內梗和話題，安迪・皮特林幫我在存貨充足的共用冰箱裡找到一瓶啤酒，並很快將我介紹給一些素未謀面的人認識。廚房裡充滿洋芋片、燕麥棒、水果，還有一座酒水充足的吧台，緊鄰著流理台向外展開。手上拿著飲料的我才剛到，就馬上就成了大夥兒的一員，我們很快地放起音樂、開始跳舞，我看著皮特林拍攝著炫耀超屌舞步的麥克・亞當斯，或許是為了未來的團隊勒索和賄賂吧，VIP 團隊的莎拉・蘿索也加入，這證明了至少有兩個 Automattician 是會跳舞的。

那晚稍後，我找到佈景主題團隊的組長蘭斯・威列特，我之前曾和他打過照面，發現他聰明又友善，又是一個才華洋溢、人又很好的 Automattician。他是個知名的佈景主題設計師，負責為客戶的 WordPress 網站客製化佈景主題，他很快就進入麥特的雷達範圍，差不多在我加入的一年前進入公司，佈景主題團隊之後很快就會成為公司最棒的團隊之一，結合領導力和管理能力的蘭斯樹立了很好的榜樣。那晚我試著向他徵詢一些建議，趕在即將過期前打出我的「公司新人卡」，蘭斯知道我之前管理過許多專案，只掛著大大的笑容說了一句話：「歡迎來到混亂。」他的意思是這裡沒有什麼規則，而現有的規則也會朝令夕改，他覺得我會沒事的，但要達成最好的成果，則需要信奉

隨機應變。這是個超棒的建議，要是他當時試圖給我具體的建議，等到我試著要使用時，很可能早就已經變成錯的了。

隨著這晚展開，我發覺我根本沒有看見以下這些東西：

- 名牌
- 行程表
- 投影機
- 參考資料
- 表格
- 問卷
- 翻頁板

大部分一般公司增能活動會出現的主要道具都不存在，公司假設大家都會自律，提供了某些基本指示和大量的工具及支援，但多數細節都是讓每名員工自行決定。Automattic 初期的理想，就是將輔助部門和開發部門分開，而這件事就在海濱鎮這裡真實上演。空間中有能量在震動，所有人都全心全意參與，準備好做任何事。

難過的是，你在閱讀這些文字的此時此刻，也有數百個類似的組織移地訓練和增能活動正在進行，而參加這些活動的數千人都擁有同樣迫切的掙扎：保持清醒。荼毒著這類活動的毀滅性

無聊，是源自於錯誤的善意，沒有主管想要讓員工無聊的，他們只是無法克制自己身在其中的官僚體系，會讓一切變得更糟。活動策畫者用爆滿的行程、主題清單、工作小組、各種練習壓垮好奇心，當全部都擠在一起，就像一場過動的糟糕假期。通往悲慘的滑坡就此展開，公司所有重要人士都有自己的行程，都有他們這季要達成的目標，而他們努力把這一切塞進官方的行程中，跟隨著他們的同儕只能善意回應，一系列無盡的切片就這麼塞進每一天和每一個小時，直到連呼吸的空間都沒有。然而這一切都是虛幻的，沒有任何實際的工作完成，所有事都是後設工作，或是在討論未來的工作。這是一片抽象之海，沒有產出的人在管理有產出的人，並且堅持移地訓練途中不用產出任何東西。

在所有無聊的組織移地訓練中，每個人都會發覺缺少了某個東西，但因爲這就像他們曾參加過的多數增能活動一樣，他們也無法想出一個更棒的替代方案。結果就是每個人來到這裡，練習他們從小學就學會的技能，那就是在白天付出足夠的注意力，這樣就不會太常被點名，並且能夠利用課餘時間做白日夢，想想某些有意義的事。他們很感激能夠逃離單調的日常，但除此之外，這類活動花了大筆支出，卻沒有帶來太多好處。

許多增能活動最大的賭注都在於地點，背後的期望是某個在森林裡的度假勝地，或是一場特別的城市之旅，能夠提供新鮮的

環境、遠離日常的慣例，帶來能夠刺激新想法的改變。但他們都忘了有件最重要的事是環境無法改變的，那正是公司的文化。不管他們去哪裡，都會帶著數十個想不起來卻既定的工作方式，活動由掌權者驅策的程度越高，現狀就會越鞏固。這就是為什麼，這些大會議總是以成長和創新的承諾展開，卻以模糊的失望感結束。反正風險很低，這表示就算結果很糟糕，也沒人會介意，不會有人因為辦了一次失敗的移地訓練就被炒或被降職。

Automattic 是間分散式公司，年度大會因而意義重大，這是一整年下來所有員工聚在一起的唯一一週。從一般主管的角度來看，這會帶來更多壓力，務必要把這整週的活動分分秒秒塞得水洩不通，可以安排彼此競爭的團隊報告，分享他們在做什麼，或是讓領導者進行策略簡報……但這些事都不會發生在Automattic，因為與其說是引進更多架構，這些事反而會帶來更多混亂，所以比起逃離日常或是一場經過慎重安排的演出，公司年度大會的重點則是放在發布 WordPress.com 的新構想上，不是演練，而是來真的，每個團隊都要為這週挑一個專案，並在回家前發布。

在海濱鎮工作和 Automattic 一年到頭怎麼完成工作的情況類似，主要的差異在於依照各自的選擇，我們可以全都在同一個空間工作（而大多數人也都如此選擇）。完成工作的方法頗為簡單，如果你是個程式設計師，就寫程式；如果你是系統設計師，

你就設計東西讓程式設計師寫，或是自己做出來，就這樣。由於 WordPress.com 是一項服務，所以無論晝夜隨時都可以更新，決定某個東西發布時機的重擔落在開發者身上，不是行銷部門。如果某個東西發布了，或是修好了某個錯誤，馬上就能蒐集相關使用情況的數據，這些數據正是快速調整的基礎依據。公司沒有大規模的行程表，很少大型計畫，也沒有強迫的合作機制，這聽起來很混亂，實際上也是，但要是每個人都了解這種混亂，甚或喜歡這種不確定性，那他們就會從中找到自由和機會。而且假如所有人都想要把工作做得很棒，那麼在必要的時候就會尋求合作和更嚴謹的秩序，公司決定引進團隊概念，用意就是要鼓勵這個情況更常發生。

多數人都無法想像用這種方式工作，我以往很顯然在某些專案這麼做過，但我從沒見過一整間公司同時都這麼做，對一個小型團隊來說，自治是種自由，但在一個五十人以上的團隊中，很快就會有人開始擋到你的路。

Automattic 大致的工作流程分為七個步驟，

一、**找出問題**　找出 WordPress.com 上的某個基本問題或想法，可以是某個類似「列印部落格貼文太困難了」或「讓使用者把 WordPress 轉貼到臉書上」的東西，然而哪些想法才是重要的，總是會有數百個想法和數十個意見，沒有正式的系統來決

定，不過有許多都是來自麥特或是快樂團隊的建議。選好想法後，就會開始討論應該要怎麼做。

二、**撰寫發布公告和支援頁面**　多數功能實裝到 WordPress.com 之後就會向全世界宣布，但早在發布之前，就會先寫好發布公告的草稿，這聽起來很怪，你要怎麼幫一個還不存在的東西寫公告呢？重點在於如果你無法想像出能夠讓使用者買單的簡單解釋，那你就還沒真正理解這個功能為什麼值得開發。先寫公告有強制的功用，會迫使你質疑你的想法是不是只讓身為開發者的自己興奮，而不是使用者。如果是這樣的話，就重新思考這個想法或是挑另外一個。

三、**思考什麼數據能告訴你成不成功**　由於這是個線上服務，所以應該要從使用者的行為學習，新功能的計畫必須要考慮如何評估其對使用者帶來的正面或負面影響。比如說，如果目標是要提升部落格主得到的訪客回應，那我們就會追蹤功能上線前後，訪客的每日回覆數量。

四、**著手進行**　系統設計師負責設計，程式設計師負責寫程式，某個人定期檢查發布公告，提醒所有人目標為何，隨著得知更多可能的成果，公告也會越來越準確，有時新功能還會蛻變成某種完全不同，而且更棒的東西。

五、**發布**　達成目標之後，功能就會發布，規模通常會比一開始的想法還小，但這是件好事。程式碼上線，大家都很開心。

六、**學習**　負責的人會即時蒐集數據，並經過討論，通常是以小時爲單位，找到錯誤然後修好。如果是大規模的功能，一開始設計時就會經過好幾輪修改。

七、**重覆上述過程**

公司自二〇〇五年創立以來，已經用這種方式發布了數百個功能和更新，許多員工都不曾在大型軟體公司工作過，因此這就是他們看過最精細的開發過程了[3]。你是不是發現有什麼遺漏了？如果你這輩子曾經開發過產品，我確定你應該已經發現了。那行銷怎麼辦呢？使用者體驗設計又在哪？品質保證呢？不同專案間的衝突又怎麼辦？這個流程有數十個東西沒有涵蓋到，所有成熟的公司都有很好的理由看著這個流程捧腹大笑，但他們忽略的是「簡潔的力量」，一個簡潔的工作流程擁有以下三個優點：

一、**發布專案很容易。**
二、**如果發布很容易，那麼小型專案就也擁有發布的機會。**
三、**如果小東西都發布了，那就會產生一個快速的回饋機制，讓你知道什麼行得通，什麼行不通，而因爲第一點，你又能快**

3｜麥特‧穆倫維格和其他人頗爲熟悉亞馬遜稱爲「逆向工作法」的工作流程，這是亞馬遜的技術長沃納‧佛格斯在二〇〇六年所提出的。這很可能影響了他們的工作方式，不過我很少聽到他們直接提及，Automattic 使用的「工作流程」在本書出版之前也從未在其他地方提及。

速改進。

愛談創新的公司犯下的基本錯誤，便是維持頗高的進入門檻，這使得就連嘗試新想法都會很困難，並對於需要進行許多實驗才能篩選出好想法的概念視而不見。我曾拜訪過採用大型會議的公司，「廚房裡有太多廚師了」，他們根據一句描述來判別想法的好壞，這根本就是瘋了。雖然 Automattic 裡沒什麼人有過相關經驗，但他們採用的工作流程卻是位在光譜的另一端：他們對未來有信心。如果功能發布後創造出價值，就可以稍後再來處理遺漏的事，如果功能發布後沒有價值、沒什麼人用，就會遭到刪除，雖然我後來發覺這種情況很罕見就是了。

最重要的是，我發現公司文化最大的賭注不是在工作流程上，而是在員工上。比起押寶在執行一個極度精細、擁有五十個步驟的工作流程，或是管理帶來的魔法，Automattic 把責任放在個人上。就像一間小型新創公司，每個員工都出於必要而擁有權力，可以自由進行許多決策，不需要經過一長串機車的公司守門員允許。以我待過的所有公司來看，Automattic 似乎是個自由之地，我需要擔心的就只有社交團隊，如果我們做得很好，其他事情就會很容易，我不需要領航穿過一片風暴汪洋，水中有漩渦般的憤怒官僚體系，威脅要把所有好想法捲入，甚至連一點機會都不給。

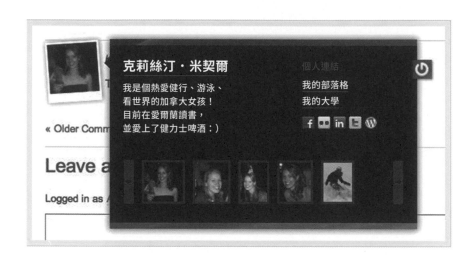

克莉絲汀・米契爾

我是個熱愛健行、游泳、
看世界的加拿大女孩！
目前在愛爾蘭讀書，
並愛上了健力士啤酒：）

個人連結

我的部落格
我的大學

在我們離開海濱鎮之前，我們挑了某個叫作 Hovercards 的東西當成社交團隊的專案，目標是要讓一張寫有資訊的名片，在訪客來到部落格，並將游標移到某個人的名字上時彈出來，我們那時為什麼沒有用好懂的英文把這個功能叫作「名片」或是「身分卡」，我已經記不得了。Automattic 免費的網頁身分服務叫作 Gravatar，你只要輸入電郵地址，就會馬上讓你的大頭貼照出現在回覆欄或是部落格文章中，雖然這項服務有數百萬名用戶，卻很少人知道其名稱，硬要弄個名稱也很蠢，用功能的原理命名或是硬把名字塞進品牌策略中，永遠都是個糟糕的主意，最棒的名稱就是直接描述其功能。

這個想法本身很直截了當，其他網站也這麼做過，幾個月前行動裝置團隊的組長以薩克‧基葉特，甚至已大致寫出基本設計，我則在出發前寫好發布公告，而等我姍姍來到海濱鎮時，包、皮特林、亞當斯已經弄好大部分了（足以在我到的時候向我展示）。我們玩笑般地討論過，在我抵達前他們可以選擇把時間花在耍廢或工作上，結果他們竟然選擇工作，我覺得這非常棒。由於我們已經有了進度，所以現在可以去嗨一下，於是我們啟程尋找其他也想找點樂子的同事。

CHAPTER 7

重要談話

全公司的人站在炙熱的大太陽下，到海濱鎮小學的長草皮上集合，現在要進行公司的傳統，幫所有人拍大合照。在公司創立初期時這還頗爲容易，因爲全部加起來還不到十二個人，但現在有超過五十個人要安排，大合照便成了立體的七巧板。綽號「拍照麥特」的穆倫維格已經事先偵查過地點，並發覺草皮是少數幾個行得通的地方，因爲他可以到小學樓上，由上往下拍攝團體照，他就站在三樓，閉著一隻眼睛，另一眼則從他高級相機的觀景窗中望出。下方便是他的 Automattician 小型軍隊，多數人都是他親自聘用，但他太忙，沒有時間感到驕傲，他點出需要移動的人，挪動他們各自的方向，這樣才塞得進照片。

在花了很長一段時間，朝下方瞇著眼的人群大喊之後，他終於啟動在相機裡預先安裝的程式。在他跑下階梯期間，相機每秒都會拍下一張照片，這個程式是個聰明的保險措施，可以確保至少有一張照片大家都沒有閉眼，這件事情他在距離相機的三

層樓下方可無法保證，而且也同時能讓他用所有照片剪出一部有趣的微電影。

抵達一樓後，麥特跌跌撞撞找到他在前排的位置，所有人都往上看，露出微笑，大聲歡呼，麥特也大喊，要大家把手舉到頭上揮舞，就像在搖滾演唱會那樣，還有一手比 W 一手比 P，比出好笑的 WordPress 標誌跟其他姿勢。終於，在所有主意都枯竭之後，大家再次歡呼，人群解散，大家都很高興能夠離開熱氣，回去繼續做他們的團隊專案。

但就在大家要分頭散開之際，有人看見所有社交團隊的成員從草皮的遠端跑來，這是次羞恥的奔跑，因為從看見我們的那一刻起，大家就知道他們剛拍的照片毀了，因為少了我們的團隊。即便因為遲到而感覺很糟，我們卻一同發現，從某種程度上來說，我們是用搞笑的方式把事情給搞砸，我們邊跑邊笑，麥特了解發生了什麼事之後，理所當然頗為生氣：「我們沒時間了，午餐已經來了，這表示全公司明天必須再重拍一次照。」我們道歉，並且迅速融入人群之中，雖然過意不去，但仍像一群青少年般嘻嘻哈哈的。那時候我們還不知道，在跑步時感到的惡作劇快感，很快就會成為我們名聲中重要的一部分。

我們遲到有個好理由：我們忙著工作。四個人是很棒的團隊大小，在剛起步的日子裡，我們還沒有什麼化學效應，能夠共同

圍著一台筆電的能力，是個巨大的優勢。到目前爲止，一起遠距工作還不錯，但是處在同一個空間中給了我們新的能量，這正是這類聚會想要達成的目標，便是讓我們學會如何合作，並運用到今年接下來分開工作的時間裡。

更有趣的或許是四人團隊工作所帶來的力量，麥特雇用我時，我曾開玩笑地跟他說：「比起在大部門管理大團隊，在一間這麼小的公司和一個這麼小的團隊一起工作，似乎更爲簡單。」擔任專案經理一半的挑戰在於，從競爭資源到與其他團隊合作，你必須處理很多跟自身團隊無關的事情，而現在我所有的人事責任全都塞在一台車裡，感覺頗爲新鮮。

麥特・穆倫維格拍攝

有許多理論在探討為什麼四到六個人的團隊成效最好，最簡單的原因就是自尊心。人數保持五人左右，房間裡就永遠都會有足夠的氧氣，因為這表示平均每個人每五次就能發言一次，這個頻率便足以讓所有人感覺自己位在事情的中心，在這種參與程度上，他們會把自傲感投注在團隊中，而非專注在自己身上。針對小規模單位的魔力，美軍和其他國家的軍隊也得到了類似的觀察，而這也是他們從一九四八年以來訓練士兵的基礎，規模更大的單位比較不容易開火自衛，但要是他們受訓時編制規模較小，開火率就會提升。從這個觀點來看，十到二十人的團隊不太可能跟小型團隊一樣運作良好，且不管組織章程如何規定，較小的單位是很有可能自然形成的。

我和這幾個人只一起工作了五個禮拜，而 Hovercard 專案在我抵達前就已經完成一半了，這讓我沒什麼事可做。我只花幾分鐘告訴他們我的回饋，但執行工作要一個小時左右才會搞定，就連我發現的錯誤，解釋給亞當斯或皮特林聽的時間，跟他們修復的時間比起來都也短非常多。如果我提早到，還會有些事可以做，但現在已經沒剩下任何事了，我是可以試著學 PHP 幫忙寫程式，但這會需要我找團隊中的某個人先幫我設置筆電，而這會花上好幾個小時。此外，我實驗中的一部份還包括要看看擔任純粹的領導者對 Automattic 來說有沒有價值，現在就放棄這個概念實在太早了。

我不由自主想到，當年建造布魯克林大橋的其中一名工程師華盛頓・羅布林曾寫道：「人類畢竟是種能力和實作力量有限的生物，但是提到計畫，一個人幾小時內就能想出讓一千個人花好幾年才能完成的工作。」我坐在那裡，覺得自己很蠢時想起這件事。如果我可以在系統設計方面做點貢獻，會是我能提供的最強技能，但以薩克的設計已經很棒了，閒閒沒事做讓我焦慮，特別是當我身在努力工作的人身邊時，這是種不尋常的感覺。我曾經參與過許多大型、複雜、壓力爆棚的專案，但我現在卻在一個小專案中，完全沒事幹，只能隨便滑過各種 P2。他們不需要我，而沒有事做的我，也不禁思考起 Automattic 到頭來還是沒有屬於我的位置。

網際網路剛發明，社交團隊的其他人還在讀國中時，我在第一次瀏覽器戰爭爆發之際展開我的職涯，一九九五年時我參與 IE 1.0 的開發，那時網路瀏覽器對世界來說超級不重要，甚至連歷史性的 Windows 95 發布時都沒有內建，我們反而是被丟到所謂的加強版裡，就是大家如果想要更多螢幕保護程式可以購買的額外軟體，螢幕保護程式欸！許多重要事物的特點就是曾經默默無聞，沒人看見其中的重要性，直到很久以後，而到了那時大家都會說起同一個謊言，說他們之前什麼時候早就看出這波浪潮了，沒人料得到要發生的事將會發生。

瀏覽器戰爭在一九九五年爆發，持續到一九九九年，微軟和網

景（Netscape）展開當時，或許甚至是有史以來，最快又最激烈的軟體大戰，許多現在的普遍概念都是在當時誕生，比如測試版發布和網際網路時間，突然之間軟體更新不再是一年一度，反而變成一季一次，甚至是每個禮拜。此外，瀏覽器軟體還是免費的，這永久改變了軟體和服務的商業模式。對一個剛從大學畢業的孩子來說，那是段非常棒的時光：我在一個對整個產業非常重要的專案中，承擔的責任遠超乎我過往所能。一九九六年時我才二十四歲，而我在 IE 某部分的開發中扮演要角，很快接著帶領 IE 3.0 到 5.0 許多功能的設計和開發，雖然IE 現今常被說很笨重，但在當時它是個又棒、又快、又簡單的軟體，好到獲得許多評論支持，並擁有粉絲。

五年內我做遍所有領導軟體專案要做的事：設計、分類、排程、招募、尖叫、大哭，並因每次內部測試、正式測試、最終版本發布而興奮不已。我會開發功能原型，和系統設計師、工程師、測試人員合作，並從對這所有事都很在行的人身上學習，我會和各個執行長談生意，為網頁標準組織貢獻，並在數千人面前上台，展示我們團隊的工作成果。即便當時微軟的規模已經相當大，在 IE 團隊的生活仍像在新創公司一樣，公司期待我做很多不同的事，並且能夠自由決定怎麼完成這些事。IE 每幾個月就會更新一次，當時這在軟體界還是前所未聞（當然是除了網景之外啦，他們狠狠踹爆微軟的屁股，迫使我們必須快速更新趕上他們。）

我看著社交團隊，他們在沒有因為我假裝管理，而受到干擾的情況下開開心心工作，心裡總是記著我從喬北峰身上學到的事，他是我遇過最棒的老闆之一，他告訴我，他評估我表現最重要的方式，就是我送出去的東西品質。不是我有的創意或我如何管理時程，不是我怎麼主持會議或我有多受歡迎，這些全都是次要的，重要的是我們發布的東西，而他告訴我好產品的唯一原因就是程式設計師，他們就是一切，他們不是工廠的工人，他們是工匠，是開發軟體的基礎創意引擎。雖然我的頭銜是專案經理，我並沒有權力整天跑來跑去發號施令，會有需要我發號施令的日子沒錯，但我必須靠自己爭取，我必須從和我一起工作的程式設計師和系統設計師身上贏得尊重和信任，有了信任，一切都有可能，有了信任，我就能知道怎麼讓他們交出最棒的成果。但是坐在海濱鎮，看著我的團隊為 Hovercards 做最後修飾，我沒有發現任何東西的機會，而且隨著在海濱鎮的日子一天天過去，每一次我的自尊迫使我想要說什麼或做什麼，好讓自己參與到工作之中，我都明白我必須閉嘴，因為那將是個錯誤。要找到讓自己派上用場的機會，唯一的方法就是保持耐心，偏偏只有一件事我沒辦法耐心等待：發表重要談話。

當一個新的團隊成立，或是某個重要專案遭到取消時，每個人的心裡都會有一些疑慮徘徊不去，情況有多不尋常，疑慮就會有多深。面對這種不確定性，領導者有兩個選擇：把這種緊張化為自己的優勢，或是任其繼續蔓延。

我是那種會消滅不確定性的領導者，我想要找出這些疑慮，並將其消滅，疑慮可能已經徘徊了好幾個禮拜，但是透過公開所有人私下的擔憂，危險性就會大幅下降。

某個晚上的晚餐前，我把社交團隊所有人集合到我們海濱鎮公寓的餐廳，坐在那邊感覺就像是我們全都住在一起，正在進行某種尷尬的家庭會議。潔白無瑕的餐桌、廚房、還有這整間公寓，讓整個情況看似頗為超現實，幾乎就像我們正置身於某個有關新創公司團隊的電視實境秀中，我把詭異的情況逐出腦海，直接切入正題。

我解釋我完全知道雇用我是個實驗，但也告訴他們我喜歡實驗，他們也應該喜歡，實驗超讚的，學習的唯一方式就是去做你不知道結果會怎樣的事。實驗唯一的問題，不是什麼時候會出錯，而是在於你無法停止一切。我接著說，我和麥特討論過其中的挑戰，如果我們在做的任何一個實驗，從引進團隊概念到我的領導決策，甚至是雇用我這件事的本質，都沒有效果的時候，那他們應該讓我或麥特知道。我們要不是會把事情改正，就是我會走人，而直到這件事發生之前，我都很樂意聆聽大家對我們的團隊應該怎麼運作的想法。

現在看來這似乎是次頗為奇怪的談話，即便聽起來很尷尬，我提出的確實是所有健康組織中那個不言而喻的事實，每個新的

管理者都是種實驗，而所有出錯的實驗都應該改變。我想不起有讀過任何商管書叫你直接提起這件事，但這似乎很明顯，如果我不能從 Hovercard 專案中贏得信任，我就必須從其他地方開始，最重要的是，我想讓他們知道，不管他們對我或是我們的情況有什麼疑問，都可以直說，因為我同時也在思考這些事，提起這些議題讓懷疑浮上檯面，這樣我們就可以一起找出答案。身為領導者，我可以不帶挑釁提出這些議題，他們則沒辦法，所以我就這麼做了。

不過我同時也解釋了為什麼這可以成功，我擁有各種專案和團隊經驗，是好是壞我都遇過了，而這些知識多數應該會對社交團隊有用，而找出哪些知識有用、能加以應用，然後和其他團隊分享，這件事就靠我們了。公司雇用我的部分原因，便是要協助釐清團隊組長的角色，不只是對社交團隊而已。

我的最後一個重點，是我如何評估我的成敗，透過唯一的方式：在他們工作的每個小時中，盡可能發揮有益於 Automattic 的價值。我身為領導者將會做出的決定，像是我們要進行哪些專案、要修哪些錯誤、要問哪些問題……全都會是和最大化他們的價值有關。對用戶來說，並非每個功能或每次錯誤修復都擁有同樣的價值，因而對 Automattic 而言也是如此，而我身為領導者的職責，就是要讓所有人的工作成果，盡可能發揮最大的價值。我向他們解釋，他們的時間對我來說是多麼重要，他

們並不是我可以任意濫用的資源。

一切只花不到五分鐘就結束了，我說完時，他們沒有太多回應，似乎沒有什麼東西會讓他們擔心，這幾個傢伙都聰明又實際，而且雖然他們很欣賞我說的話，當時對他們來說卻沒有什麼太重要的意義。直到我用行動展示這些想法之前，一切都沒什麼意義，所以有什麼好吵的呢？他們問了一兩個問題，我回答完，然後我們就結束了，我不能代替公司其他人發言，但這幾個傢伙表現頗為鎮定，或許是因為他們住在自治的 Automattic 世界太久，所以覺得我發表的重大談話也沒什麼好驚訝的。聊完之後，我們全都起身，出門去找點樂子。

不過有兩個問題一直在我腦中徘徊不去，在我們離開之前，我問了身處團隊中的他們，

一、**你怎麼知道自己的工作表現很棒？** 他們全都同時聳肩，我跟著大笑。不像大多數強調表現的公司，他們三人都不怎麼在意這點，這從來不是他們在公司中注重的部分，對他們來說，似乎連問這個問題本身都有點奇怪，因為麥特或史奈德都不太問，公司整體也很少這麼做，這裡的文化不是升遷導向，他們在乎的大多是能夠從工作中獲得多少價值。

二、**該怎麼處理我們在 P2 上的組內溝通呢？** 我擔心我們會

受到外部意見干擾，影響到那些本該是僅限於組內的溝通，皮特林開玩笑地表示：「我們很習慣無視別人啦。」亞當斯和包也笑著附和。他們的意思是他們有很強的濾鏡，知道誰真的是團隊成員，誰又不是，其他人的意見不會影響他們。如果他們不介意，那麼我也不介意，就像一間把樓層設計從獨立隔間改成開放式辦公區的公司，公開的 P2 也不會澈底消滅隱私，只是改變了規則而已。

我們在海濱鎮的那週結束時，所有團隊都會在全公司面前展示自己的工作成果，以團隊的身分站在大家面前並展示成果，這感覺很好。針對 Hovercards 本身以及在不同情況下的運作方式，提問十分踴躍，但我大部分的印象都停留在展示時所出現的驚呼，我和某個團隊合作開發軟體以來，已經太久太久沒聽到這種聲音了。

CHAPTER 8

工作大未來

（一）

有關工作未來的著作都犯下了相同的錯誤：沒有回頭去檢視工作的歷史，或者更精確地來說，沒有去檢視相關著作的歷史，以及這些著作錯的有多離譜。未來願景很少會成眞，就像我們不管預測什麼事都不太準，你能猜到我下一句要寫什麼嗎？你能猜到這行字會出現「著火殭屍香蕉」，這是種超可怕的水果，會持續在地球上蔓延，吃掉香蕉腦袋嗎？如果我們猜不到某本書裡的下一句話，那也不太可能預測到未來。除了失敗的預測之外，常見的推測還認爲未來將是統一和單一的，完全忽略世界大多數時間都頗爲混亂，科幻小說家威廉・吉布森曾寫下名句：「未來已經來臨，只是沒有均勻分布而已。」但以目前來說，過去也還沒有均勻分布，我們同時擁有赤手在農場工作的貧窮家庭；使用鄉村料理方式，受吹捧爲創新的都市有機神廚；根據老掉牙代辦清單概念創立新創企業，還受創投資本注資的大學中輟生。工作的種類五花八門，過去和未來的概念也如此循

環，只有傻瓜才會信誓旦旦預測未來。

我不會做出什麼廣泛的宣稱，像是用噴射背包飛去辦公室、因為《駭客任務》風格的神經植入物讓產能大增、時光旅行頭盔將如何提升獲利等（雖然你可以直接跳到第十三章，模擬一下時光旅行。相對你現在所處的位置，這在本書未來的章節中，而我剛好在那章提到時光旅行）不過我能夠告訴你，我們從 Automattic 和類似的公司所做的事可以學到什麼，在本章以及本書後續相關的兩章中，我會暫時跳脫我的故事，複習一下我們到目前為止學到的東西。

成果將勝過傳統

如果你同時閱讀兩本相同主題的書，就會發現裡面提供的好建議多到根本不可能用完；如果你檢視常見的困難，比如減肥或是追尋快樂，你也會發現有同樣聲譽卓著的來源，提供完全相反的建議，到底誰才是對的？就算建議是來自單一來源，也有可能很難遵循。

A·J·賈各布斯在他的著作《我的聖經狂想曲》中，便決定遵循《舊約聖經》和《新約聖經》中的所有建議過生活，但即便他狂熱的投入，還是發現這個任務根本是不可能的。因為《聖經》中

的數百條誡律（包括我們知道的那十誡，加上我們忽略的另外六百零三條）根本無法同時遵循。某些誡律和其他誡律彼此矛盾，某些則需要進一步詮釋，數十個不同的猶太、基督教派系，對於該遵循哪些，該忽略哪些，也都有自己的清單。針對所有建議、規則、傳統的終極問題，就是：要忽略哪些？而它們又為什麼該被忽略？

沒人可以遵照所有建議，這便是所謂的「建議悖論」。不管你得到多少建議，最終你必須以直覺決定該使用哪些，又該避免哪些。即便你尋求的是後設建議，也就是針對要遵照哪些建議的建議，這個悖論仍然存在，因為你對後設建議也必須做出同樣的選擇。就算我們試圖依循傳統，卻還有整座宇宙般無盡的同樣有道理的替代方案，由跟我們擁有不同傳統的人所遵循。

像 Automattic 這麼特別的組織帶來的禮物，就是提醒我們要有開闊的心胸。而有關現代工作，同時也能解釋未來工作的問題，就是工作空間充滿文化包袱。我們忠實地遵循無法用理性解釋的習慣，為什麼上班時間一定要朝九晚五？為什麼男生就必須打領帶，女生就必須穿裙子？為什麼開會預設就是一小時，不是半小時？沒有證據顯示這些習慣可以提升產能，我們之所以遵循，是因為我們在進入工作空間時便遭到強迫，而隨著時間經過，這些習慣已變得如此熟悉，讓我們都忘了這只不過是人類的發明而已。所有傳統都是發明出來的，問題在於發明了

多久，傳統沒什麼不好，除非你想要進步。進步仰賴改變，改變則仰賴重新評估傳統的目的以及遵循傳統的方式。

Automattic 文化中的重要元素便是成果至上 [4]，沒人在乎你幾點來上班，或你工作多久，管你是沒穿褲子待在自家客廳，還是躺在吊床上曬日光浴，手上還拿著一杯馬丁尼，你的成果才是重點。難道工作品質不該是評估員工表現的主要方法嗎？如果是這樣的話，那消滅那些擋路的傳統，加入能有助益的傳統，不是很棒嗎？分散式工作能夠推進這點，因為許多和工作狀態有關的愚蠢傳統，比如用早到或加班來評斷別人，都不再可行，你也不能抱怨誰分配到角落的辦公室，或是誰擁有專屬停車位。相較之下，你看見的同事行為只會有他們產出的程式碼、他們做的設計、他們解決的票券、他們留下的回覆。

有些 Automattician 是在所謂的共同工作空間工作，也就是獨立租借給個人的辦公室，專為自由工作者和遠距工作者設計，這類空間提供了舒服的折衷方案，既能保有員工的自主性，也能給予大家工作的社會情境。同一個共同工作空間的使用者常常會一起社交，提供了許多人為了保持產能所需的友誼和社會結構。Automattic 則是提供員工共同工作津貼，這也是另一種支持方式，可以協助員工找到完成工作的最佳方式。

所有消滅多餘傳統的管理者，都朝著進步邁出了一步，如果移

4｜裘蒂・湯普森和凱莉・瑞斯勒在 Best Buy 提出了所謂的「成果至上工作環境」（Results Only Work Environment，又稱 ROWE），他們還針對這個概念和各公司諮詢，不過在 Automattic 中從來沒提過半次 ROWE 這個詞。

除某項限制能夠提升員工表現，或是就算不會影響表現，但也能提振士氣，那麼就是雙贏局面。僅僅因為傳統是傳統而遵循，是違背理性的，背後的假設是從現在開始五千年後，如果我們的物種存活下來，我們仍然會穿襯衫打領帶，和尖峰時刻的交通搏鬥，只為在早上九點準時抵達公司。我們珍視的所有傳統，都曾經是某個人提出、嘗試、認為有價值的新主意，而且常常是受到先前不再適用的傳統啟發，掌權者的責任在於持續消滅沒用的傳統，並引進有價值的傳統，一個從不改變的組織不是工作空間，而是個活化石博物館。

麥特・穆倫維格把不重要的事拋到一邊去的能力非常好，因而催生了成果至上的文化。他讀很多書，會研究他欣賞的人做了什麼，但仍認為永遠都會有更簡單的替代方式，這某部分是源自他的個人經驗。從大學輟學應該是個糟糕的主意才對，免費開發軟體也一點都不認真，讓員工遠距工作更是瘋狂，WordPress 欠缺傳統卻仍然能夠成功，這讓他還有整個公司文化，相信最棒的學習方式就是從做中學，去思考（但不要想太久）、去做決定、從發生的事情中學習，然後重覆這一切。他不覺得有理由要花好幾個禮拜討論東西，或是建立精細的策略，他比較喜歡實驗、蒐集數據、重覆，他對全方位思考也有很棒的直覺，他明白很多實驗都會失敗，但實驗本身是重要的。長遠來說，WordPress 或 Automattic 就像一個系統，永遠都會嘗試從這些教訓中得到好處，包括失敗在內。

Automattic 引進團隊概念便同時涉及許多實驗，第一批組長中有很多人都沒有經驗，某些人不確定自己為什麼被選上，還有數名員工從來沒有團隊合作的經驗。雖然我曾想建議投入更多相關訓練，但直接把一個受到信任的員工放到裡面，試圖理出一個頭緒，會是最快的學習方式，他們會一同合作，決定需要哪些新習慣，以及有哪些舊習慣需要改變。

開發部門 VS 輔助部門

Automattic 從 WordPress 繼承的自願文化，也就是不強制貢獻者們參與，形塑了一片員工高度自治的風景。史奈德和麥特花了很多心力讓輔助部門，像是法務、人資、甚至 IT 部門，不要侵犯程式設計和系統設計等開發部門的自主性。其中最驚人的做法，就是將管理部門也視為輔助部門，公司架構也因為這個理由盡可能保持扁平，史奈德以此形容他的管理準則：

一、雇用優質的人才
二、設立良好的優先順序
三、移除分心事項
四、不要擋路

Automattic 的這些自由提醒了我工作最困難的，其實就是發

生在你的腦中的、以及你和同事之間的事情。多數探討未來工作的潮流和小技巧都忽視了這點，比起以爲問題是缺少工具或某個祕密武器，管理者們應該要理解的是，他們比自己想像的還要擋路。給予權力比任何軟體、設備、方法都還強大，與其和許多管理者一樣把員工當成小孩，史奈德和麥特最想要的是提供一個高度自治的環境，給知道自己該怎樣才能把工作做好的人。

我接著會用另一種方式來解釋我對未來工作的想法。我當作家時常有人問我，最好用的文字處理器是哪種？我的答案永遠都一樣：你的大腦。多數人都覺得這個答案令人沮喪，但我是很眞誠的，困難的部分無法機械化，好導演之所以是好導演，重點不在使用什麼攝影機，而是如何使用。而最適合某個人的器材，也不一定最適合其他人，這對所有涉及創意的工作來說，都是眞理。但大家不想聽這個，我們想要相信有一個買得到的、單一普遍解決方式，一個可以相信的信仰；或許因爲一廂情願地販賣這些錯誤承諾行銷的產品，是我們多數人賴以維生的方式吧。

不要擋路的絕佳例子，就是當 Automattic 在組織團隊時，團隊之間的合作問題。一開始所有人都待在 P2、IRC、Skype 上，純粹出於習慣，但各團隊很快開始自行嘗試新的方式，有個團隊改用 Skype 視訊，另一個團隊則嘗試 Google Hangouts。

公司沒有強迫規定或相關政策，所有員工和所有團隊，都能決定要嘗試哪些工具，又要繼續使用哪些，工具從來不是重點。雖然史奈德和麥特清楚表示會全力支持我們購買需要的工具，讓大家放手去試，但所有人心裡都知道最重要的是什麼，那就是我們受到信任，可以去找出哪些工具能夠支援我們的工作風格，包括個別和團隊。公司從來沒有規定不要用電子郵件，大家就只是發現結合 P2 和 IRC 便能解決多數的需求，所以就決定這麼使用了，如果有團隊想要試試看以電子郵件為中心工作，那也沒問題。

即便是對於全公司來說，嘗試工具的自由依然有效，當維護團隊的程式設計師尼克‧芒里克掃描支出收據掃到不太爽時，他創了一個全公司共用的 Expensify 帳號，這是他找到的手機應用程式，可以直接用手機拍下收據的照片然後上傳。在其他員工試用過後，很快地變成大家推薦的工具，但如果之後有人找到更棒的工具，那他們也能改用那個，我發現這類改變在五十人的公司比在五千人的公司還要容易，而光是能看到這些改變就足以讓人受到鼓舞。

雇用自立自強、充滿熱情的員工

我確實有看見在一般公司可能會變成嚴重問題的事物，但這些

問題大致都已由 Automattician 的才華、熱情、合作抵銷。在海濱鎮觀察我的同事們，他們的精力旺盛無可否認，他們甚至會用私人時間做這份工作，純粹只是爲了快樂。崔西・基德在他的經典著作《打造天鷹》（*The Soul of a New Machine*）中，便注意到 Data General 公司致力雇用內在動機強大的員工，這改變了局面：「勞動不再是受到強迫，勞動是自願的，當你簽下契約，你實際上是宣告了：『我想要做這份工作，而且我將爲其獻出我的心意和靈魂。』」

想當然爾，WordPress 要將公開言論民主化的願景，比起清理烤麵包機之類的事更容易讓人擁有熱情，要找到動機滿滿的員工，比其他工作還要容易。但我學到從履歷表和學經歷上看不太出一個人的熱情所在，自願選擇開發一個網頁、一個手機應用程式、或創立一間公司需要更多熱情，比起遵循好幾年的指示以拿到學位。除了想要爲其他人的問題找出正確答案的可疑動機外，GPA 分數並非判斷熱情的強烈指標。學位學程架構嚴謹，對依賴架構的人來說有最大的吸引力，但許多 Automattician 大學時學的都不是系統設計或開發，而是在自力擔任網頁設計師、萬事通的 WordPress 顧問或其他各種角色時，學會一身本領。

許多 Automattic 的員工都是所謂的 T 型人才，代表他們擁有某個非常深厚的專業技能，並有跨領域的一般專業素養；就像

即便公司雇我是來領導，但我的專業技能其實是互動功能設計。多元的技能讓人們可以自立自強，他們不需要太多協助就能展開專案，而且也不害怕去學習新技能以完成專案，這樣的獨立也防止了家長式管理的需求，他們不需要人寵、也不怕把手弄髒，以應對在成熟的科技公司中，很可能需要橫跨三到四個不同職位的員工才能完成的事。分工不過於精細、不需要搶地盤，讓人們成爲了更棒的合作者。Automattic 的文化重視成果勝於過程，因此大家都很樂意貢獻自己的專業，或是教導其他人自己懂得的知識。

製作《戰慄時空》和《傳送門》的遊戲公司 Valve，也擁有類似的準則，他們會雇用 T 型的程式設計師和系統設計師，也就是專精特定技能，也頗爲熟悉其他技能的員工。Valve 也把賭注大量押在員工自治上，甚至比 Automattic 還要澈底，完全沒有正式的團隊或階層制度，專案都是在員工的一念之間產生，也由他們自行決定要參與哪些專案。雖然 Valve 並不是分散式公司，員工的辦公桌卻都是移動式的，而且真的能沿著走廊滑動，他們可以自行選擇想要加入哪個專案，並在專案進行期間成爲其中的一員。二〇一二年在網路上流出的 Valve 員工手冊便表示：「我們沒有任何管理，沒有人要對其他人『報告』，我們確實有個創辦人暨董事長，但就算是他也不是你的主管，這間公司由你掌舵，航向機會、遠離風險，你有權力可以放行專案，也有權利可以發布產品。」

當你面臨選擇時,一個提供大量權力的工作可能反應兩極,某些人發現這會帶來自由,其他人則覺得恐怖。多數為某個人工作的人,其實並不真的想要這麼多責任,如果他們想要的話,早就自己開公司或是當自由工作者了,他們正在為某個人工作的事實,代表了他們願意進行的交易,就是犧牲自主、換取穩定。如同卡夫卡在《審判》中所寫:「戴著鎖鏈通常比自由還要安全。」而 Valve 和 Automattic 這類公司提供的交易則截然不同,從某種層面上來說,他們賦予個別貢獻者的權力,還比《財星》五百強大型企業的中階主管擁有的還多。無論在這些公司擔任主管工作,表面上看來有多氣派,他們理論上應該擁有的權力,都會因為必須經過層層官僚體系的決策而削減。

自立自強、充滿熱情的人很難找到,沒有任何徵才公告會寫著「誠徵能力有限、動機薄弱的巨嬰」,但是同類相吸,公司每次只要將就聘用平庸的人才,就會越難招募到最棒的人才。正如同麥克・立托當初加入麥特一起創辦 WordPress,找到最初的夥伴會為公司訂下基調,只要擁有兩到三個有志一同的同伴,就能建立文化,吸引更多共享類似價值的人,同時排除其他人。

遠距工作僅僅是物理上的獨立,遠距工作的員工所面臨的最大挑戰,其實是管理自己的心理狀況。由於他們擁有更多自主權,因而必須成為管理自身習慣的大師以維持產能,像是避免分心、維持紀律進行專案、甚至是以其他友誼來取代傳統工作帶來的

社交生活。Automattic 使用的面試方式，會過濾掉因為各種理由而不適合遠距工作的人，我們可以合理認為，許多人才都不適合遠距工作，但也有許多適合。

即便當前很少有公司可以成為完全分散式的公司，但 Automattic 的分散，加上其他有趣的特質，都在叩問以下問題：你工作的組織有什麼既定成規對你造成困擾？而你又做了什麼實驗去發現這些問題，並找到更棒的工作方式？

CHAPTER 9

經營團隊

海濱鎮的公司年度大會結束後，社交團隊動力爆棚，我們發布了幾個小功能、修好了幾十個錯誤，並把我們超長的功能構想清單排好順序。此外，爲了替自己設立固定的工作步調，我們也協議了以下事項：

星期一：IRC 團隊會議（太平洋時區的早上十點，皮特林的晚上六點）

星期一：所有人都會負責到一項 MIT（主要工作，Most Important Thing）

星期四：所有人都要把進度貼在我們的 P2 上

星期五：有個特別的 P2 專供各團隊組長使用，我會在這個 P2 貼上摘要供其他組長參考

每個月：我會寄電子郵件給每個人，一對一關心他們的狀況

IRC 和 P2 是把我們黏在一起的膠水，也成了工作架構簡單的

骨幹，這是團隊運作最低程度的必要事項，成效也很不錯。如果沒有發揮效用，大家也都知道我擁有碎念的權力，可以傳Skype騷擾進度落後的人，沒有人抱怨我的碎念，雖然以這間公司短暫的集中力來說，我的碎念還蠻常發生就是了。領導創意團隊的其中一個小技巧，就是找出創意的碎念方式，如果你能讓大家笑出來，就會有更多好處，就算是在自嘲，你同時也起到了提醒的作用。

我覺得一切都很棒，於是自己做了一些實驗，有人邀我到芝加哥去演講，但我沒有跟Automattic這邊請假，而是帶著筆電在不同的咖啡店和我住的飯店大廳工作，就算有時我必須離線幾個小時，我團隊的大多數進度，仍可以在我們的P2上看到，我很容易就能跟上。不像電子郵件，知識是待在大家的信箱裡，使用P2進行傳統公司大部分會用電子郵件做的事，表示這些對話會以我能夠瀏覽、搜尋、做出貢獻的方式保存。雖然大家會斷斷續續上線，但因為我們很少會有短時間到期的死線，所以不管是在P2或Skype上，對話一兩天沒人回也沒關係。如果有哪個人要下線，我們會習慣在某個地方先留個訊息，通常是在我們的IRC頻道裡；或者我可能會用Skype問皮特林某個問題，他一個小時後回覆，然後我當晚再繼續回他。我們也都尊重有必須同時上線的需求，即便這種狀況不常發生。

想知道某個時候有誰在，Skype是最佳指標，不過即便大家掛

在線上，也可能要好幾分鐘或一個小時過後才會回覆，因為他們可能正在別的視窗工作，有空的話才會回覆，這便是打字比講話更受歡迎的主要原因。文字聊天讓雙方可以自由去做別的事，而講話則需要雙方幾乎全部的注意力。在 Skype 中，綠燈代表現在有空，黃燈則表示人不在電腦前，或是對方希望你當作他們不在電腦前；IRC 上的所有員工也有類似的狀態指標，因而有時候我會發現某個人在聊天室裡很活躍，卻不回我的 Skype。不過在 IRC 上本來就很容易找到人，有點像是如果你在座位上找不到人，就去會議室找的意思。最後手段則是直接打手機給對方。公司規定我工作時就要開著 IRC，因為有時候大家在討論，會要我也一起加入，這一切都不複雜，也不會讓人分心，頗為直截了當，雖然網際網路上的聊天室和部落格可能會變成一場災難，但在 Automattic 這個節制的宇宙，大家都彼此尊重、和藹可親。

海濱鎮年會過後幾週的一個更大型實驗，便是我去拜訪公司在舊金山的總部。Automattic 的總部位於三十八號碼頭的一棟漂亮的開放式公寓中，就在舊金山巨人隊主場 AT&T 球場旁的

濱水區。當你走下濱水區的主要街道內河碼頭大道，你會看見一座高聳的白色石製建築，建築中央是寬闊的車道，通往又深又暗、似乎永無止盡的車庫，外頭唯一的標示掛在離地四點五公尺處，標明這棟建築物是「三十八號碼頭：海上娛樂中心」，並將碼頭和船隻租賃列為建築內部的主要活動，但沒有指示告訴你要去哪裡辦理。車道的左右兩側，就直接是你唯一看得見的大門，以生鏽的鋼鐵鑄成，沒有窗戶，其中一扇還沒有面向外頭的門把。

許多新創公司都在談要走低調路線，但對位在三十八號碼頭的數十間科技公司來說，事實還真的是這樣，孵化 Instagram 和 Formspring 的 Dogpatch Labs 在一樓，其他房客還包括 Polaris Partners、True Ventures、99designs 和數十間其他新創公司及相關組織。只不過這些公司都沒有特別保持低調，事實上，其中許多間還很樂意地盡可能吸引關注，但這座建築實在頗為隱蔽，如果你不知道確切的目的地，就永遠都找不到在哪。入口比較像是城堡的城門而非紅毯，沒有保全可以詢問，也沒有樓層清單可以檢視，你要不是知道自己在做什麼，就會在一棟又大又恐怖的建築外面遊蕩，看起來像個不專業的竊賊。

建築的西側角落有一排高聳的窗戶，每扇都掛著一串頗吸引人的透明藍色圈圈，就像亞歷山大・柯爾達的動態雕塑。如果你走到最遠的角落，就會看到寫著 Automattic 的標誌，這時你

就知道自己來對地方了。入口處沒有接待員或櫃台，只有一扇有門鈴的玻璃門，裡面是個溫暖的開放空間，擁有木製家具、高聳的天花板、一整面令人愉快的自然光牆，書架將公寓分成兩個部分，離門口比較近的那區佈滿舒服的沙發和時髦的椅子，空間後方的獨立區域有兩排簡單的桌子，側邊則是一座長的不得了的吧台，但並沒有塞滿酒瓶，而是放滿裝著 WordPress 周邊的板條箱：T 恤、帽子、外套、貼紙、鈕扣。整個空間感覺就像是個在精緻版大學圖書館附近的學生休息室，所有設計都是為了讓訪客感到舒適，結合學習感和放鬆感，沒有分配好的辦公室或私人空間，甚至連史奈德和麥特也沒有，即使他們兩個都住在舊金山，這代表著這裡是個共享空間，員工在這裡時想怎麼樣就怎麼樣。

唯一的哀傷之處，就是辦公室總是很空蕩，雖然 Automattic 有八名員工本來就住在舊金山，但這裡還是沒什麼人，多數是用來舉辦活動，或跟媒體還有想看見實體辦公室的大咖合作夥伴見面。每次只要麥特接受雜誌或電視節目採訪，他就會請住在附近的 Automattician 那天進辦公室，讓整個地方看起來合理一點。

我還記得二○○九年 WordCamp 的會後派對，這是規模最大的 WordPress 年度論壇，辦公室充滿生氣，數百人在各個角落吃喝跳舞，甚至還有個裝飾著 WordPress 標誌的超大蛋糕，半

數來參加派對的人在衣服、背包或外套上都有個大大的 W。當時 Automattic 的某個系統設計師諾埃爾‧傑克森，還為一小群活力充沛的舞者當了一整晚 DJ。而在旁觀賞的人數量則更多，符合刻板印象中又害羞又宅的人們。每次我只要一拜訪辦公室，都會想起那個活力四射的夜晚，對比著現在辦公室是多麼的平淡，還常常了無生氣；也會記起所有我曾置身其中或拜訪過的糟糕隔間，想像員工們會有多愛在有這裡一半棒的地方工作。諷刺的是，即使 Automattic 知道怎麼把辦公室變得如此吸引人，卻沒有什麼員工願意經常使用。

包‧李本斯拍攝

十月底，就在社交團隊一起去希臘之前，我往南飛到舊金山和包及麥特見面，麥特也邀請我一同和董事會成員碰面。我曾想過早點來拜訪，但是本著強迫自己獲得更多遠距工作經驗的精

神，我忍住了。如同麥特時不時會暗示我的那樣，如果我發展出飛來飛去和團隊成員見面的習慣，我就永遠不會想出替代方案，而他是對的。但我在想，那些沒有替代方案的事又該怎麼辦呢？麥特和史奈德在海濱鎮時表現得非常明顯，他們付錢讓團隊會面，便是承認了某些面對面的經驗還是頗為重要，但大家是怎麼知道什麼是重要的，什麼又不重要呢？

我提醒自己，我主要的任務是擔任優秀的領導者，我會盡力適應，但他們雇我來是為了引進不同的想法，而不是遵循其他人在做的事，我必須承擔風險、放手實驗，就算是像設定和團隊見面的頻率這種簡單的事情也是。到舊金山來的其中一個動機，便是我發覺遠距工作時，對於同事的了解有多麼稀少，在傳統的辦公室中，你會知道莎莉常常自言自語，或是佛瑞德在思考困難問題時，會到走廊上走來走去。你會了解他們的習慣，以及如何判讀他們的肢體語言，讓你知道他們是開心、難過、興奮、還是無聊，有關同事的數據就瀰漫在空氣中，我們是社會性動物，對其他人心理狀態的被動資訊特別敏感。

但在線上沒有被動資訊，Skype 和 IRC 雖然可以讓你留下狀態資訊，某些人也會更新，提到自己的心情，但這是經過自我篩選及過濾的資訊，而且也是文字，並非視覺。大家會有虛擬形象，但很少會更新，就算真的更新了，這也都是他們選擇被看見的形象，經過自我篩選和過濾。我可以在 IRC 上看到現在發

生了什麼事，但這是主動而非被動的，如果有人今天過的特別鳥，而且沒有特別在 IRC 上提到，我很難會知道。

我越是想要找出這類資訊，就必須不斷改變我觀察的事物，這簡直就是遠距工作的「海森堡測不準原理」實際上演。如果我傳 Skype 訊息給某個人，問他「今天還好嗎？」而他回「還好」，我接著又說「不是，說眞的，一切都還好嗎？」就算他願意吐露更多，也是我逼出來的答案，本質上和我藉由在他們身邊所觀察到的不同。Automattician 都必須頗爲了解自己，在線上也要很好相處，很多人都是這樣。他們不能仰賴同事了解他們的心情，或是老闆從他們的行爲中發現某種異樣，除非這些能在遠距工作中透過有限的文字管道表現出來。這其中有些事情無關緊要，也有些事情爲我帶來好處，例如我很高興不用去處理一個有體味或是在工作時音樂放太大聲的同事，但同時也缺少了良好的資訊。不過我們的團隊合作情況很好，所以不管我遺漏了什麼東西，都還不足以讓我開始擔心，至少還沒開始。

我到舊金山拜訪時，安排了時間和麥特跟包見面，還有保羅・金，他是少數幾個在 WordPress 之外，擁有豐富工作經驗的 Automattician，Firefox 剛崛起時，他在那工作過。我剛進公司的前幾個禮拜，他也曾和我接觸過幾次，提供協助和我需要的建議。他很可能是我剛加入公司時最友善的人，也樂於傾聽，要不是有哈妮和他，我很懷疑我會跟這麼多我在 Automattic

沒有直接合作到的人講話，畢竟我不是創始成員，比起在 IRC 上群聊，和其他人一對一聊天有種不一樣的感覺，就算是用 Skype 也是，這類對話很多時候都不是我主動的，我常常擔心打擾到別人。又一次的經驗顯示，在普通的辦公室中，如果有人不想受到打擾，你是可以察覺到的，線上則比較棘手，雖然 Skype 提供了狀態列，但透露的線索還是比肢體語言少很多。

當你單獨和每個人說話時，他們會展現出不同的一面，了解這點可說是成功人生的祕訣。透過私下談話，你會獲得他們全部的注意力，如果你當著媽媽的面和兩個小孩說話，之後再分別和他們說話，你會聽到不同的事。你認識的人為什麼有些過著成功人生，有的人卻頗為失敗，答案就在於他們有多少勇氣，可以把人拉到一旁，進行那些我們永遠聽不見但極有效率的私下對話。只有笨蛋才會覺得所有決定都是在會議上完成，要推銷某個想法，常常只有在非正式的親密情境下才容易成功，如同想訴說內心最深處的心裡話，並讓對方聽進去的那種情境。幾乎沒有人可以用一次演講就說服整間會議室裡的同事，這只有在電影裡才會發生，只要在場有超過一雙耳朵，某些事情是永遠不會被確切傳達或接收到的。

因為這個理由，我確定和包的談話成果一定會頗為豐碩，在這麼特別的分散式工作中，面對面談話很罕見，因此這次會是個例外，我可以同時得到他的全副關注以及眼神接觸。我預計詢

問他對目前的工作情況有什麼想法，以及有沒有建議我該做的事，這些問題是假如我們在同一間辦公室工作，我一定會私下提起的問題。

包在澳洲西南部鄉下的某個小鎮長大，一九九九年我正努力完成 IE 5.0 時，他也獲得了他在網路產業的第一個工作，到某間線上保險公司擔任 HTML 工程師。他就是在那裡發現並學習 PHP 及 MySQL，這兩種技術便是打造 WordPress 的重要技術。之後他在另一間公司也選擇 WordPress 當成平台，一年後他自己創辦新創公司時，用的也是 WordPress，他會使用 WordPress 論壇尋找建議，接著很快發現自己也會提供別人建議。此後他當了好幾年自由軟體開發者，並在這期間搬到了舊金山。自由接案的日子很快樂，他確信如果他要再去替某間公司工作，那麼首選只會是 Automattic，就這麼一念之間，他在 Automattic 網站上投了履歷，應徵「程式碼牧人」，這是公司對程式設計師的稱呼，但卻因為沒有得到回覆而相當失望。

幾週後，包得知麥特要到一個 MySQL 的同好聚會演講，他看見了他的機會。他問了麥特關於履歷的事，麥特說他沒看到，之後他們透過線上聊了更多。麥特很快給了他一個測試專案，結果相當不錯，二〇〇九年五月包就正式受聘。他很快以 Gravatar 和 IntenseDebate 的成果建立名聲，IntenseDebate 是個回覆外掛程式，可以在 Automattic 收購

的所有網站上使用（這也是公司歷史上少數幾次的收購之一）。包最喜歡的工作位置是與程式碼爲伍，不是最深處的應用程式介面，或是幫使用者介面做最後潤飾，他有創造任何東西的能力，卻覺得在中間階層最爲舒適。

除了一百九十三公分的身高和絕佳的音樂品味之外，讓我提名包當團隊 DJ 的原因，還有他的熱忱。他對他做的所有事都充滿熱情，我從來都搞不懂是因爲他這麼有熱忱，才擅長那麼多事；還是他因爲擅長，才對這麼多事有熱忱。從研究以色列防身術到寫程式，他都全心全意正面迎擊，是個超棒的隊友，不管任務是什麼，他都豁出去準備把事情搞定，這是個非常珍貴的團隊特質。

舊金山的陰鬱十月，我們坐在碼頭對面的叉路咖啡外頭，共享了長長的咖啡時光。我們聊了很多事，但我首先感謝他是第一個接受我領導的人，新的領導者需要經過認證，這是身爲新人需要面對的社會考驗：受到尊重的人怎麼對待你，將決定其他人怎麼對待你。包是我第一個、也是最死忠的追隨者，包括每週會議通話和 P2 貼文，貼文當然只是件小事，其實我不太在乎狀態回報，雖然還沒有人知道，不過這是少數我們團隊一同分享的有形事物，因此頗爲重要。有好幾個禮拜，包都是第一個回覆狀態串的人，這加強了我的信心，也爲亞當斯和皮特林帶來壓力，讓他們必須照做。我們邊聊邊喝咖啡，包顯然很愛

他的咖啡，他告訴我他深深覺得對 Automattic 和他來說，公司轉移到團隊架構是件好事，他很渴望和同事一起進行大型專案，有些他想嘗試、充滿野心的挑戰，只有在有同伴的情況下才能完成，他很樂意盡量貢獻，以協助公司成功過渡到團隊架構，這和他對我的看法無關，我們的目標是一致的，這真是個好消息。

在我團隊的程式設計師中，皮特林是最自立自強的，在進入公司之前，他獨力開發了某個叫作 BuddyPress 的 WordPress 外掛程式，可以替任何 WordPress 網站加入社群網路的功能。雖然 WordPress 已經有數千個外掛程式，不過大多數都是小型的一鍵工具，用以加入原本沒有提供的小功能或選項，而 BuddyPress 是一整個系統，是個可以從根本上改變 WordPress 功能的應用層。正因為它的快速流行，BuddyPress 和皮特林很快地出現在麥特的雷達範圍內，他邀請皮特林加入公司，繼續全職開發 BuddyPress，而不是將其當成附屬專案。

皮特林生於英格蘭，當時住在加拿大溫哥華，個性非常棒，結合了善良的幽默和低調的競爭性格，在他內心深處，深埋著渴望幹大事的慾望。他在大學時念的是多媒體和系統設計，並在大三時透過某個實習計畫，得到第一份網路產業相關工作，在過程中也自學了 JavaScript、CSS、PHP。二〇〇〇年代初

期，他就已經有自製的網站，並在 WordPress 問世不久後，將其轉換成 WordPress 架構。他是個文藝復興人，會寫程式、系統設計、使用者介面，還很知道使用者可能會需要解決什麼問題。在我認識的 Automattician 之中，他是最具開創性的人。Automattic 雇用了許多成功的自由工作者，但很少人是產品構想者，也就是那些了解產品整體概念願景的人。VIP 服務團隊負責 WordPress.com 的重要客戶，例如 BBC、CBS、UPS 等，他們的組長拉南‧巴爾－克恩便經常指出這點，並將其視爲文化差異，他覺得公司需要更多擁有企業直覺的人。而像皮特林這麼有才華的人，會樂意待在 Automattic，便說明了他有多享受在這裡的工作。

到目前爲止，麥克‧亞當斯是我最搞不懂的。他在我到的前幾週提供了不少幫助，但因爲忙著處理先前的專案，他最常不見人影，而他擅長的那幾種程式設計，正好也是我最不懂的。雖然我不是程式設計師，但我確實有個電腦科學學位，諷刺的是，這是亞當斯、皮特林、包都沒有的東西。我不寫程式主要是因爲，我在職涯初期就發覺，我表現最好的地方在程式之外，包括帶領團隊、思考構想、領導專案發布。

在我的職涯中，經常有人問我，如何自己不用寫程式，卻能管理這些程式設計師？我認爲只要具備兩樣東西，那我就能管理任何人去做任何事：清晰和信任。如果彼此之間有清晰的目標，

以及我們知道何謂達成目標，那麼我們就能達成共識，知道該做什麼才能抵達終點。我對程式設計有足夠了解，需要的時候可以進行反駁，並提出深入的問題。開發出好東西的重點在於管理與權衡數百個決定，這便是我最棒的技能之一。而說到清晰，工作世界中的多數團隊都非常需要，層層的階級創造了互相衝突的目標，許多團隊的領導者終其一生都沒有體會過「清晰」，他們不知道要找尋什麼，更不知道找到後該怎麼辦。因而即便聽起來頗為陳腔濫調，但清晰的思考便是我的優勢。

系統設計是「清晰」的終極來源，在遇到我不懂的技術細節時，能救命的提問永遠都是：「這會對使用者體驗帶來什麼影響？」這起初聽起來像是在逃避，把所有問題都塞到我熟悉的領域中，其他人可能會將其視為我無法看出自己的愚昧之處，但如果是放在開發產品上，這是個很棒的方法，可以釐清你不懂的問題會造成什麼影響。如果一個看似糟糕的錯誤，只會造成部落格貼文出現的時間延遲一毫秒，那就一點也不糟糕。事實上，除了工程師之外，根本沒人會注意到這個問題。我自己不寫程式，讓我對許多議題都擁有更寬闊的觀點，一個努力解決棘手問題的聰明工程師，自然而然會失去觀點；而詢問有關使用者體驗的問題，便是調整工程師工作優先順序的最終方式，因為會把焦點轉回應有之處：決定會對用戶造成什麼影響，而不是對工程師。這兩者都很重要沒錯，但用戶更重要。

在純粹技術性的決定上，我也運用類似的思考方式，只要我和程式設計師發現有兩種供選擇的方案，我就會問：「方案 A 和方案 B 的優缺點各自為何？」將思考的層次提高到權衡代價的層次，讓我在我無法自行解決的技術型決策上，也擁有珍貴的貢獻。當然，我能依賴程式設計師進行這類評估，並找出替代方案，但這是我在信任等式中所扮演的角色。只要運用清晰和信任，為我們的工作帶來觀點，那麼我程式設計能力不足的部分，就會變成優勢。

由於亞當斯對 WordPress 最底層的程式碼擁有最深的了解，他的工作因而距離我熟悉的實務最遠，但只要使用者體驗很棒，那我就不太在乎我們使用哪種應用程式設計介面。頭幾個月，我和他沒有聊到太多，不過他慢慢變成我最信任的技術顧問，除了程式設計的才華，他還擁有非凡的能力，可以解釋所有層面的抽象概念。他可以從微觀層次開始描述一個問題，再一次跳到宏觀層次，接著又回到任何他想要的地方，做為幫助領導者解決問題的夥伴，他在這部分的才華實在非常卓越。

領導力的重點在於歸納和權衡：X 比 Y 還快嗎？ A 比 B 更可靠嗎？在這個專案中，莎莉是比鮑伯更棒的程式設計師嗎？就連在設計領域，你也是在打賭，某個設計付出的代價是不是比另一個還低？對許多程式設計師來說，這些抽象概念非常煩人，其中的不確定性讓人困惑，設計師和作家很像，比較喜歡具體

的工作，他們喜歡控制每個像素、每個位元、每個字母，這能滿足他們個性中的完美主義，甚至是強迫傾向。就像亞當斯說的，對許多程式設計師來說，把精力放在要雇用誰、要炒掉誰、還是哪個功能構想優點最多這種模糊的議題上，讓人討厭，即便是很擅長這些事的程式設計師，也通常不太喜歡。而一位優質的領導者，重點就在於換位思考：知道要從哪個層面上著手，以解決問題。這通常不是和你聰不聰明有關，而是要怎麼找出正確的觀點，以面對某個特定的挑戰。

亞當斯是個異數。比起我認識的許多主管級工程師，他對程式設計的想法更有彈性，也很有耐心，耐心便是信任的表現，能向對方傳達他值得花時間相處。正是因為他具備了這些技能和態度，最終說服我他會是個很棒的團隊組長。我的進度頗為超前，即便我的團隊其實還沒有什麼成果，但我心中有底了，等到適當的機會來臨，我必須把他放在能領導團隊的位置。

我帶著自信回到西雅圖，我在 Automattic 的菜鳥時期結束了，我已經和麥特確認過我目前為止的工作情況，一切都很不錯，我們聊了我對團隊的規劃還有觀察，我已經準備好進行更多實驗，並看看我的團隊能走多遠。

CHAPTER 10

如何放火

要了解一個人的本性，就放把火吧！當一切都進展順利時，你只能看見人們性格中最安全的部分，只有當某個東西燃燒起來時，你才能看見真實的人性。當然，刻意放火是錯誤的，但如果已經有正在燃燒的小火堆，就放手燒吧！然後看看會不會有人抱怨、逃跑、還是過來幫忙。打破規則也能發現類似的真理，你必須打破一些規則，才能知道哪些只是做做樣子，哪些又是真正重要的。

十一月時，WordPress.com 和 LinkedIn 之間的連結故障了，這個連結如果功能正常，可以在使用者的 LinkedIn 頁面顯示他們最新的部落格發文。WordPress 和各種服務之間都擁有這類連結，包括臉書和推特。每天都有數千則貼文透過連結轉換，但連結本身頗為脆弱，只要我們接收端的系統中有個小小的改動，連結就會崩潰。VIP 團隊的組長拉南很好心，在我們的 P2 上發了篇文，告訴我們這個問題。

這個功能在社交團隊成立前便已存在，卻沒有指派負責維護的人。緊急的問題會分配給手上任務最少的開發者，但是隨著這類問題逐漸累積，我擔心我們會花更多時間在維護上，而不是開發新的功能。所有服務都需要維護，但當你花在維護的時間上超過開發，就一定是哪邊出了問題，LinkedIn 的問題就是一把好的學習之火，要是我們沒有將其撲滅，會怎麼樣呢？我謝謝拉南發文提醒我們，並將其加進一長串目前沒人負責的公開問題列表中，我會找出我有多少權力可以決定我們要修什麼、或不修什麼。

研究某個文化怎麼管理問題，是了解該文化的有效方式，即便沒有被賦予什麼酷炫的名稱，但世界上所有組職都擁有某種可依循的系統。以人類學的角度來說，研究這類系統的方式頗為簡單，很像是你在野生老虎身上綁上無線電項圈，以觀察牠在野外的活動。而要評估某個文化，首先你要挑出一個問題，並在觀察之後回答以下問題：

· **如何回報問題，又是回報到哪裡？**
· **由誰負責初步回應？**
· **花了多久時間？**
· **是誰決定要先處理哪個問題（也就是分類）？**
· **是誰決定如何處理問題？**
· **實際上，由誰負責處理問題？**

·誰負責檢查，確保問題已經獲得妥善解決？

為了舉例，請想像一下醫院的急診室，如果有個女人打一一九，表示她老公吃太多奇多導致休克，她會和調度員說話，調度員則會回報這個問題，並決定要不要派救護車過去。奇多男子送到醫院後，負責接待的護理師會決定他的看診順序，醫生和護士則會決定如何治療和進行治療（執行奇多手術），並向病人的家人保證他會沒事。你可以把類似的分析套用到所有工作空間上，這將讓你理解無論組織的章程怎麼規定，真正擁有權力的人是誰。

而在 Automattic 的過程很簡單，多數的行動都發生在 P2 上。如果有個用戶回報某個問題，快樂團隊會負責初步處理，要是他們幫不上忙，他們就會把問題貼在適合的 P2 上，很像拉南對 LinkedIn 事件所做的事。如果某個重要的功能壞了，比如用戶無法在網站上發文，問題就會出現在 IRC 上，並馬上得到處理。問題越嚴重，就越可能是由資深人員決定該如何處理，比如貝瑞、亞當斯或另一個備受尊崇的程式設計師迪米崔厄斯·凱利，甚至是麥特本人都會加入。大多數時候，都是由程式設計師和他們的團隊自行決定如何分類出現在他們 P2 上的問題，某些會馬上修復，某些不久後就會修復，某些則會被打槍，還有其他問題會掉進問題垃圾場，面臨永遠不會受到決定的命運。

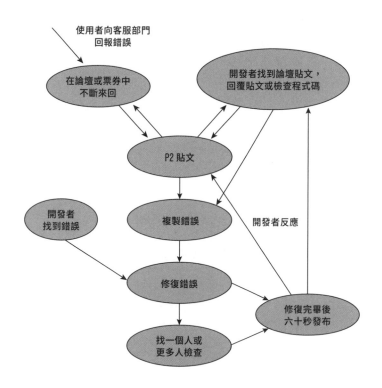

Automattic 程式碼牧人葛瑞格・布朗

如果你去問老鳥，就會得知 Automattic 信奉「破窗理論」，這個概念在珍・雅各的著作《偉大城市的誕生與衰亡》出版後大為流行。她在書中檢視了為何紐約市的某些社區比較安全，結論是有居民精心維護的社區，包括倒垃圾和修破窗等小事，犯罪率通常比較低。換句話說，透過定期修補小問題，你就能避免更大的問題產生，和「防範未然」及「預防勝於治療」等陳腔濫

調類似，許多開源專案都擁護類似的工作準則。但這在實務上是個挑戰，因為沒什麼人會樂於幫其他人擦屁股。不過亞當斯和 Automattic 的許多其他開發者，確實會定期關照那些出現在 IRC 上，沒人負責處理的問題，並出手除錯或修復。雖然「破窗理論」日後受到質疑，認為這不是某些社區比較安全的原因，但其前提確實存在優點，也就是做好小事、積少成多，會帶來很大的效果。

即便 Automattic 實行這樣的準則，但能產生多少效果又是另一回事了。無論有幾個好撒瑪利亞人，如果窗戶破掉的速度比修好的速度還快，這個準則就救不了你，好比多數大城市都有志工自願去撿垃圾，但如果在觀光區，速度就很難跟得上。身在一座城市中，很容易能透過四下觀察，了解事情的狀況如何，然而，如果你四處觀察一個像 WordPress.com 規模這麼大的軟體專案，很難知道到底有幾扇破窗。工程師概論會教你「問題發生率」，也就是發現新問題的機率，以及修復問題速度的「問題修復率」等概念，這是非常粗糙的衡量方式，但大略是說：發生率大於修復率，品質可能就會下降；發生率小於修復率，品質可能就會上升。這能協助專案領導者了解專案的整體狀況，就連醫院和速食餐廳都會使用這類標準，來決定他們的員工是否足夠，或是每個患者或顧客平均需要等待多久。

不像其他許多專業的軟體專案，WordPress.com 並沒有這類標

準。確實是有個錯誤資料庫，叫作 TRAC，依賴和 WordPress 專案相同的系統，不過很少使用。取而代之的，則是由每個團隊自行決定如何追蹤 P2 上的問題（如果真的有在追蹤的話）。沒幾個員工參與過有這類管理標準的軟體專案，原則上來說，是應該採用更好的方式，但就算 Automattic 這麼混亂，品質好像也還過得去，WordPress 和 WordPress.com 還沒有臭名在外，沒人說我們錯誤很多或是不夠可靠。若改用另一套不同的系統，將改變整個文化，且沒有特定方案可以為這種改變背書，我也看不出有什麼好嘗試的。我試著想像了麥特的態度，就讓不重要的事就這麼過去吧。或許只要擁有正確的文化和天分，你就不需要專家宣稱的那些基礎架構，新創公司總是能將就湊合過去，雖然 WordPress.com 已經不再是間新創公司了。

而對於社交團隊來說，我們使用最簡單的方式追蹤問題：製作清單。待程式設計師修復問題之後，就把問題從清單上劃掉，很容易就能看出已經修復多少、還剩下多少，或是得回覆特定問題。棘手的地方在於分類，因為對所有錯誤都一視同仁，不管是重要的問題、瑣碎的問題、難處理的錯誤、很好修復的錯誤，全都用同樣的方式羅列出來；一般常見的順序指派，比如順序一、二、三，還有問題嚴重程度，像是我們是刪掉了用戶的部落格貼文，還是只是拼錯某個字，在這裡並不存在，每個人都靠自己去判斷什麼是重要的。我們團隊曾一起討論過這麼做的危險性，因此在某些特定專案中，我會負責分類並製作最

初的清單，把事情的優先順序排好，我也會找出我認為很重要，卻沒有人負責的問題，並請特定的程式設計師去研究。一切都頗為臨時，但我會確保工作流程中有包含分類的步驟。

覺得公司需要一套更棒系統的，不只我一個人。每隔幾個月，公司的閒聊 P2 Updates 上就會出現討論，會有人提出要認真使用 TRAC，把所有問題都記錄在資料庫中並持續追蹤。贊成 TRAC 的派系時常是由長期參與 WordPress 的貢獻者暨快樂團隊的程式設計師彼得‧魏斯特伍德所領導，他們團隊花最多時間在管理錯誤上，因而支持更好的工作流程也不意外。只是風行草偃的改變很難達成，還是很少團隊在用 TRAC，因為每個團隊都可以按照自己的方式來。而社交團隊最後將成為頭幾個試圖改用 TRAC 的團隊，但這也要好幾個月後才會發生。

錯誤：

~~Hovercards 的區塊應該要延伸到 Gravatar 上，這樣 offhover 才可以從那邊執行。~~

包‧里本斯 11:13 am on September 13, 2010

已修復

包‧里本斯 10:14 am on September 13, 2010

~~錯誤：~~
~~小型卡片上的箭頭位置（「所有」資訊無法顯示）~~

---

mdawaffe 10:16 am on September 13, 2010

不重要的小錯誤：
如果已註冊的用戶在登出狀態張貼回覆，我們有兩種方式可以蒐集，
一個是用 ID，一個是用 email。

包‧里本斯 10:32 am on September 13, 2010

~~待辦：~~
~~來自以薩克：把滑過照片的箭頭設定為同樣高度~~
~~visualy tied together and make a bigger click target~~

每個團隊都會發展出自己不同的工作流程，雖然他們從來不會使用這個 P 開頭的詞（process），這個詞有種大企業的味道，也確實是。像某個團隊就改善了 P2 本身的功能，讓貼文可以標示為「尚未解決」，這樣就能進一步篩選問題。程式設計師常常會挑那些他們覺得最重要或是最簡單的錯誤，然後就把其他的丟著。這可以說是某種改良版的破窗理論，大家會選擇去修

他們最喜歡的窗戶，或是離自己家最近的。而社交團隊也和其他團隊一樣，我們指派組長擔任最後一道防線，負責初步處理尚未回覆的 P2 貼文。

故障的 LinkedIn 連結本身並不重要，沒有什麼人在使用，所有使用者中大概只有百分之一在用，拉南便是 Automattic 裡少數有在用的人，因而他第一個發現並回報了這個問題，而社交團隊沒有半個人注意到。這聽起來似乎違背了某種倫理，畢竟我們是負責這項功能的團隊。然而，有太多功能需要被關注，數量遠遠超過我們團隊自己有可能使用的。我有考慮做一個簡易測試表，把所有我們負責的功能分類，並指派某個成員定期檢查，但這件事從來沒有發生。我們反而依賴快樂團隊、推特、臉書、網站的使用者，擔任早期的預警系統，我們的品質控管措施是回應式而非預防式的。新功能會用別的方式處理，但針對已經在運行的系統，我們只能假設如果哪邊出錯了，那我們一定會知道。

幾天後，又有人回報了 LinkedIn 的問題，最後連麥特本人也回報了，回報的數量越來越多，迫使我的放火實驗終止，我只好請包去看一下，把問題解決掉。這次的教訓並不令人意外，我學到的是，必須有一種更好的方式來優先處理問題。如果系統錯誤需要仰賴使用者回報，那無疑非常糟糕。就像開一間餐廳，然後等著上門的顧客抱怨食物，而不是在食物離開廚房前

就先試吃一樣。至少在我進公司的前幾個月是這樣的，我保持耐心、時不時提出我的觀察，但我要等到某個人終於受夠了，決定追求改變為止，只有等到那個時候，才會有夥伴嘗試和我一起解決問題。而且更重要的是，只有到那個時候，我才會有正當理由改變我們的工作方式。如果我的挫折感和執行工作的人的挫折感不對等，那或許有問題的是我，不是他們。

有個老笑話，講的是一九七〇年代的頂尖軟體公司 IBM，曾試著評估員工的產能，管理層想要有個可以評估專案複雜度的方式，經過考量之後，他們決定去追蹤程式碼的行數。他們的理論是和較短的專案相比，專案長度越長越好，或是更難開發，背後的意思是表現比較好的程式設計師會寫比較多行程式碼。如果從生產線的角度來看，這是個不錯的理論：一小時能做出二十塊磚塊的員工，比只能做五塊的還好。錯誤之處則是，假設程式設計及其他大多數需要創意的工作，是以量制勝的任務。然而事實上卻不是，優質的程式設計師在專案完成時會用比較少行的程式碼，而不是更多行，只有某個對程式設計工作不熟悉的人，才會發明出這種完全相反的評估方式。

現今有許多管理者都很喜歡「評估定義了你」這句話，他們相信評估是成功的祕密，並追求各種追蹤測量的標準，這些標準有時候便稱為關鍵績效指標（key performance indicators），也就是所謂的 KPI。這就很像當年 IBM 的管理層在做的事。

包括 Google 在內的某些公司，都很堅持要有標準可以評估所有決定、目標、功能，即便這種想法頗為流行，你卻很容易在理應協助你找到成功之道的標準中迷失。

陷阱在於，就算你真的找到可以避免你和 IBM 落入同樣下場的良好指標，員工仍然會自然而然，甚至是不由自主地為了濫用這個指標而工作。他們想要「變好」，一旦領導者放上所有人都看得見的記分板，就會帶來意想不到的力量，員工無法抗拒每個小時都去看分數，因而輕輕推動了他們做決定的方式，一切只為了讓分數上升，代價卻是其他所有記分板上沒有顯示的東西。想要為你的服務增加新的用戶嗎？沒問題，只要你不在乎這些「用戶」永遠不會再回來，或是你沒有防止垃圾訊息的優質程式，那要獲得更多新用戶其實很容易。

最後所有人都會發覺，這個起初還不錯的指標，現在已經遭到濫用，員工無所不用其極以得到高分，甚至為公司真正的產品品質帶來反效果，這是大家很快就會發現的事。當事態發展至此，起初創造這個 KPI 的領導者解決的方法就是創造更多更準確的 KPI、更多新指標加入。一開始可能會有用，但同樣的模式很快就會重蹈覆轍，問題也越來越嚴重。你在校園裡可以看到類似往下沉淪的螺旋，就是試圖去評估教師的表現。他們為學生創造新的測驗，目的是評估教師，因此縮減了教授課程的時間，導致學生分數下降，令人傷心的是，最後會有更多考試。

所有的指標都會帶來誘惑，即便是出自善意和聰明的考量，數據只會帶著你衝向愚蠢的自我欺騙迴圈，速度還越來越快。數據不能為你決策，如果小心運用，數據可以協助你看事情看得更透徹沒錯，但這和決策還是不一樣。如同存在建議悖論，同樣存在著「數據悖論」：不管你擁有多少數據，你仍然會依賴直覺，去決定如何詮釋，並接著應用。

換句話說，沒有好的 KPI 可以去評估 KPI，沒有好的指標可以去評估指標，或是評估指標的指標的指標，無限延伸。當某個文化過度相信數據，擁有良好直覺的人就會離開，他們會在其他重視他們判斷的地方找到工作，而非繼續在某個強大等式製造者的報告中擔任異數。成就偉大需要直覺及邏輯，而不是一者宰制另一者，美麗、啟發、愉悅，是企業希望顧客在他們的產品中找到的特質，卻都無法輕易被評估，如果你想解釋蘋果、BMW、IKEA、微軟、飛雅特、Walmart 之間的差異，只靠 KPI 根本沒有用。

Automattic 的美妙之處，便在於其和數據之間複雜的關係。雖然追蹤各種錯誤不會帶來太多好處，我們還是有個精細的回報系統，會蒐集各種數據，回報 WordPress.com 正在發生的一切，這個系統叫作任務控制系統（MissionControl），簡稱 MC，可以讓員工知道使用者在做什麼。有多少回覆？有多少新開設的部落格？他們選擇什麼佈景主題？上週有幾百萬名

訪客？他們來自哪些國家？全都在這系統裡，你可以製作圖表進行比較，以回答數千個問題，包括可以比較不同年度、不同月份、一週七天內不同天的數據。擁有這類資訊，對系統設計師來說可說是奇蹟，他們不需要想像發生了什麼事：他們可以看到用戶做過的事。對所有從未參與線上服務開發的人來說，MC 就是他們的夢想，許多跟使用者行為有關的愚蠢討論都會消失。不過當然，解釋使用者行為背後的動機又是另一回事了，而且還是個困難許多的問題。玩 MC 隨便就可以玩好幾個小時，有時候看著某個你自以為了解的事物的數據表，也會發現驚喜。有天我在研究某個理論，解釋 WordPress.com 上哪個部落格流量最高時，我就找到了一個顯示總流量的圖表，流量每天都在增加，圖表卻出現奇怪的鋸齒狀模式，呈現出起起伏伏的波浪狀線條，我花了幾分鐘才想出原因：週末，多數網站的流量在週六和週日都會下降，這解釋了圖表詭異的規律。

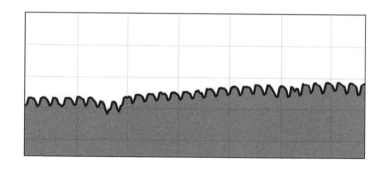

我進公司時，有特別留意麥特在不同 P2 上回覆討論的方式，他常常會帶到討論相關的數據和圖表，雖然他不是將其當成解決爭端的法槌，但他的思考模式就是固定會提到數據。他想要的是一個會受到數據影響的文化，而不是受到數據驅策，他不想把數據當成討論的重點，但想確保沒有漏掉數據，在尊重直覺和分析之間取得平衡，是他最重要的特質之一。我可以因此分辨出誰是公司的老鳥，就是那些更常在貼文中提到數據的人，就算他們對數據背後真正的涵義有疑慮，也還是會提到。但要回答同一個問題，時常會有多個數據來源可以使用，他們因而也會有不同的答案，這在在證明了數據悖論的存在。如果你相信數據可以為你決策，那這會很挫折，但如果你把目標改成只是要更了解目前的情況，以便做出更深思熟慮的決策，那麼數據就能帶來幫助。

員工的數據也會受到記錄，而且不只是他們的快樂數據而已。由於 P2 是公開的，MC 也會記錄所有人上線活動的基本資訊，比如社交團隊平均每天會有八則貼文或回覆，是全公司第二活躍的團隊，公司的閒聊 P2 Updates，每大則是有將近十五則貼文或回覆，你可以針對每個 P2 跟每名員工，找到類似的數據，並以貼文、回覆、其他細節分別檢視。如同使用者相關數據，員工相關數據也從來不會當成評估標準。你會聽到的普遍建議，就是大家都應該積極參與和溝通，但沒有額度規定，這是個記分板沒錯，但你必須用自己的方式去尋找你要的，很像

我在客服團隊訓練時的經驗。公司的數據回報有種成熟的平衡，讓大家能夠自由決定數據的意義，或是在思考模式中判斷數據要佔多大比重，MC 只是輔助和開發中間那條界線的具體化，一個由維護團隊開發的工具，目的是要協助所有人完成他們的工作，但數據很少會決定任何人應該要做什麼。

CHAPTER 11

會發布作品才是真正的藝術家

一九八三年九月，蘋果的麥金塔專案進度嚴重落後，團隊已經油盡燈枯，但還剩下很多工作要做。蘋果的執行長暨該專案充滿遠見的領導者史帝夫・賈伯斯經過團隊辦公室的主要走道，並在附近的黑板上寫下後來他最知名的其中一句名言：「會發布作品才是真正的藝術家。」他寫下這句話，是因為他想強迫專案團隊更努力工作、更早結束專案，今日這句話成為許多領域創新人士的口號，但他們都忽略了當時賈伯斯強調的是發布，而非藝術。僅僅是發布某個東西，並不會讓你成為藝術家，然而，不管是藝術或是垃圾，世界要理解你創造出的東西唯一的方式，就是當你勇敢到能夠宣布已經做好了，並向全世界展出之時。

賈伯斯的名言讓人很容易忘記沒有人展開一項專案時，是計畫不要發布的。沒有一整個聰明又努力的部門，心懷深沉又熱情的希望苦幹實幹了好幾個月，卻覺得等他們完成後，他們的成果會被裝進板條箱中，並運送到《法櫃奇兵》裡的倉庫，永遠不

見天日。所有熱情的開發者，都是受到能看見目標受眾使用他們開發成果的渴望所驅策；而且事實還恰好相反，多數擁有偉大創意的人，都會太快跳到發布這件事，並把他們第一個充滿靈感的晚上，花在幻想發布後世界會帶給他們多少榮耀，即便他們根本就還沒有做任何事。夢想是免費的，發布則需要自己爭取。

發布任何東西都可能很困難，就算只是份大學的期末報告，或是一頓感恩節晚餐。現在就有數千名企業家和程式設計師正在空轉，要不是卡在似乎解決不了的問題上，就是執迷於很少用戶會注意到的細節。在試圖發布的過程中，有很多狡猾的陷阱，這解釋了為什麼有這麼多人迷失在開始和結束之間，開發東西非常困難，不管你的準則是什麼，或你在牆上掛的是什麼格言，大多數專案都會超出時間、超出預算、或是遭到取消。請你看看生活周遭所有的機器、書籍、工具、應用程式，這些東西能完成到產出根本就是奇蹟。

針對該怎麼克服發布出優質成果背後的挑戰，在這個思辨的核心中有個概念，源自艾瑞克‧雷蒙的同名著作《大教堂與市集》。這本書是有關開發軟體過程的各種觀察，其中提出了一個和所有工作相關的重要問題：要把時間投注在規劃一個精細的大型計畫上，還是直接開始，並在過程中找出辦法比較好？

你想像一下高聳摩天大樓的建築師，或是大成本電影的導演，你的印象很可能會是一名厲害的暴君，擁有詳盡的計畫，規範所有事情該怎麼完成。這就是大教堂風格的思維，第六章提到的海濱鎮，就是根據一個精細的計畫建造，體現了這種方式。至於另一種方法，則是請想像一下一個年輕的龐克搖滾樂團剛開始玩團，他們會從小地方開始，寫幾個簡單的和弦，然後很快修改，接著再次修改，每個團員都用自己想要的方式貢獻、借用、實驗、合作，這就是市集模式。比起恢弘的中央規劃，工作社群會圍繞著某個構想形成並發展，許多知名的開源專案，例如 Linux 作業系統，都是採用市集思維開發，而這也啟發了雷蒙的著作。

然而，世界上有多數地方，包括大多數的軟體產業，相信的都是大教堂模式。但在實務上，這其實是個錯誤的二分法，多數事物都是結合大教堂和市集模式完成，只不過兩者之間的平衡可能差很多。不像興建摩天大樓，數位工作比較可以用市集般的態度漸進式改變。比起生產飛機、興建橋樑、甚至是做舒芙蕾，一個小錯誤就可能毀掉所有事，開發軟體的風險很少會這麼高，多數軟體其實是不受規範的。相較之下，橋樑、醫療器材、汽車則是必須通過安全檢測，產品才能上市，這也導致了這類領域有嚴格標準。擔心鑄下大錯或是進度落後，是世界上多數專案管理過程背後的動機，管理者經驗越豐富，看過的壞事就越多，也有越多事必須試著避免，我將其稱為「防禦性管

理」，因為其目的是要防止一長串壞事發生。防禦性管理很盲目，看不出執迷在防止壞事發生，同時也會遏止好事發生，有時候甚至導致什麼事都不會發生。

WordPress.com 每天都會發布某個東西，常常是某個小東西，比如修復某個錯誤，或是細微的調整，但仍然是新東西沒錯。我在二〇一〇年八月受聘進入公司時，WordPress.com 總共更新了兩萬五千次，而我二〇一二年離開時，則是已經來到超過五萬次。東尼・史奈德便用「持續部署」一詞來形容這個不斷進行小型調整的哲學，所有點進使用 WordPress.com 主機網頁的訪客，看到的永遠都會是最新版本，很可能才剛發布幾秒鐘而已，程式設計師和系統設計師想多常發布，就多常發布。這通常代表他們一完成就會發布，不用排隊測試、也不用互相檢查，不需要時程表或大計畫，因為根本不需要死線、日期、其他協調，也不需要什麼管理，因為根本沒有什麼要防禦的。就算在最糟糕的情況下，搞不好某個版本不小心用該死的殭屍香蕉照取代了所有部落格，也可以回溯，讓軟體回到先前的版本，不過回溯程式碼頗為罕見，公司鼓勵程式設計師直接進行其他調整以修復問題，並規定所有發布了某個東西的人，都必須待在線上幾個小時，保證一切運作順暢。

缺少宏大的時程表，也移除了許多專案創造出來擔心進度會落後的恐懼，並以微小卻高頻率的成果取代。我們讓狀況越來越

好，工作感覺比較像是在吃一頓西班牙下酒菜，每隔幾分鐘就會有小盤小盤的美味食物送上桌，你不需要排隊，或是等到下一餐的時間，用戶也不需要等，不管他們在做什麼，使用的永遠都會是最新版本。而且所有員工也都能在 IRC 上，看到程式設計師之間互相分享新的調整，我們通常稱之為修正檔，以便在發布前協助測試。

有時候光是一天就有可能發布二十五個修正，在忙碌的日子中，IRC 會充滿程式設計師彼此協調他們的發布，確保不會互相衝突，在旁觀察這些總是相當有趣。相較之下，我一九九〇年代在微軟開發 Windows 時，我們每隔幾年才會發布一個新版本，而同年代的瀏覽器戰爭期間我負責開發 IE 時，頂多也只是每個月發布一次。由於我先前參與大型專案的經驗，讓我許多朋友都覺得在 WordPress.com 的混亂中工作，對我來說會是件很困難的事。

結果調整起來還蠻簡單的，當時微軟的 IE 團隊有個相同的東西，叫作「每日開發」。我們每天都會發布軟體的新版本，但只限於在公司內部流通 [5]，每一天都會彙整前一天所有的調整發布，也鼓勵每個人都安裝來用用看，以此為開發品質提供固定回饋。加入新功能的過程中有珍貴的歡笑，也有悲慘的時刻，在日子好時開發品質非常好，我們就會將這些版本稱為「自行運作」，也就是「能夠安全在你的電腦上運作」；品質普通的版

5｜可以參考麥可‧庫蘇馬諾的《微軟祕笈：世界上最強大的軟體公司如何開發科技、形塑市場、管理人才》，記錄一九九〇年代微軟軟體開發實務的最佳著作。

本叫作「自行測試」，也就是建議你只安裝在測試用的電腦上就好，或是趁同事不注意的時候裝在他電腦上；品質最糟糕的版本則叫作「自行燒焦」，表示你要是敢安裝，那不管裝在哪台電腦上都會報廢。只要我們連續三天發布的版本都是自行燒焦，就會暫停所有開發工作，直到我們讓開發品質恢復到正常水準，這是個防止專案品質爛到谷底的方法。在 WordPress.com 這邊的發布也是依據同樣準則，只是過程加速，而且也向用戶開放而已，我不覺得缺少大型計畫或時程表是個問題，事實上，我大多時候都感到自由。

對任何曾經參與過大型專案的人來說，這一切聽起來都超瘋狂的，沒有時程表要怎麼做事？怎麼能沒有安全措施？事情為什麼不會直接爆炸，或是從頭到尾都互相衝突？這種方式之所以可以運作，主要原因便在於 Automattic 信奉一套反直覺的準則：安全措施不會讓你安全，而是會讓你懶惰。大家在駕駛有防鎖死煞車系統的車子時，會開得更快，而不是更慢；美式足球員因為他們的防護，也會承擔更多風險，而非更少。在 Automattic，打安全牌的陷阱會受到抵制，大家比較是受到自主感驅策，而不是什麼宏偉的工作原則，基本概念是如果大家都聰明又彼此尊重、不會把事情搞砸，那麼過多安全措施反而會擋路。相較之下，員工在此受到信任，更擁有權力可以快速發布成果。

安全措施讓你不安全的這個想法，讓我想起多年前某次前往印度德里的經驗。賈塔爾曼塔公園是座超棒的公園，擁有巨大的天文儀器，當時我爬到某座石塔頂部，石塔離地四層樓高，是座沿著狹窄難走的階梯蜿蜒而上的建築，沒有任何欄杆、摔下來可能會死人，我因此比在有欄杆的情況下還要小心許多，和我一起爬的還有小孩跟老人，所有人整路都謹慎地邁出下一步，我們內建的危機感用盡全力保護自己的安全。類似的態度也適用在 WordPress.com，公司將員工視為成人對待，沒有太多安全措施，信任我們會付出全副注意力。讓事情保有一點危險性，可以使情況更為安全。

但安全不是我最大的擔憂，我的擔憂也不是創意來源，因為到處都有構想清單，這還不包括 WordPress 上的數千個外掛程式和佈景主題呢，這些東西都會帶來新可能的靈感，可以讓 WordPress.com 變得更好。問題在於連貫，我們很顯然發布了許多東西，但全部合起來有讓這個產品變得更好嗎？

不管 WordPress 的員工取笑微軟和其他老牌軟體公司時有多開心，WordPress 的使用者介面仍是頗為複雜，感覺起來更像是某種微軟會做出來的東西，而不是公司同事愛用的蘋果產品。從歷史上來說，Automattic 產品願景的主要來源都是麥特，而且在很多方面上，他也仍是 WordPress 開源專案的實質領導者，他在設計構想上頗有天分，但是隨著 WordPress 和

WordPress.com 規模越來越大，他也越來越沒辦法到處參與，畢竟還有越積越多的一大堆舊功能跟選項需要處理。原先從 .71 版開始發展的流線形簡易工具，現在有數百個功能，全都在競爭使用者的注意力，這便是持續部署的典型結果。這些年間的每一個程式設計師，都只有想到他們自己的小構想，而不是這些構想要怎麼和其他數百個已經在產品裡的構想競爭。

我以前就見識過這種狀況，而解決方法就是願景。需要有個人出來定義我們要達成什麼目標，並釐清要完成這個願景，哪些構想比較重要、哪些又比較不重要。要簡化某個設計，就需要全面的思維，也就是整個產品合起來對使用者來說怎麼樣，而不是單獨的特定構想聽起來有多棒。WordPress 具備市集文化的所有優勢，但其使用者體驗卻缺乏大教堂架構本身就會提供的優雅和簡潔。

我在社交團隊的 P2 上，描述了一個簡單的願景，我完全沒有提到半個特定的功能構想，就提出了所有用戶都會經歷的幾個最重要的步驟：

找到想法→寫下來→發表→開心

這看似很簡單，事實上也是。WordPress 並不是什麼試算表專案或 3D 模型工具，而是一部把東西發表到網路上的機器，如

果你去看一下 WordPress 的發文視窗，那個大家花最多時間在上面的地方，就會發現視窗大部分是由一個大大的編輯空格佔據，任何人都能馬上看出這是一個文字處理器，而在右上角則是個大大的藍色按鈕，寫著「發布」。還有什麼能更簡單的呢？

但問題並不在於功能，功能的意思是某個軟體有能力完成某件事。僅僅只有功能，並不能解釋有多少人可以學會怎麼使用，甚至是有興趣試用看看。你的車子可能有裝雙曲速引擎，但如果你找不到裝在哪，或是不知道怎麼使用，擁有能夠以光速行進的能力，又有什麼屁用？根本沒屁用。所以是設計決定了使用者是否能成功兌現產品對他們做出的承諾，而非功能。

如同所有試著寫作的人都知道的，空白的頁面頗為嚇人，即便是對那些擁有很多想法的人來說，腦袋裡有想法是一回事，把這些想法寫成值得發表的段落，又是另一回事。WordPress 的使用者有他們自己的發布困境，比起「會發布作品才是真正的藝術家」，部落格主的必然結果應該會是「會發表作品才是真正的部落格主」，問題在於 WordPress 並沒有做什麼事，去協助使用者面對這個最初也最重要的挑戰。

思考了更久之後，我發覺許多部落格主創立部落格後，甚至都還沒發表半篇文章就放棄了，對許多人來說，順序是這樣的，

創立部落格→放棄

或是

創立部落格→找到想法→放棄

有些使用者比較好一點：他們至少來到打草稿的階段，但不會繼續往前。

找到想法→打草稿→放棄

在那些打了草稿的人之中，有一部分想辦法打了第二份草稿，但接著就放棄了。

找到想法→打草稿→編輯或修改→放棄

在可能發生的最優情況中，當使用者一路往下至真正按下發布，會有兩種可能的結果，大家都希望出現的那個結果看起來像這樣：

找到想法→打草稿→編輯或修改→發表→得到愛和關注

但比較常見的結果應該會是，

找到想法→打草稿→編輯或修改→發表→一片沉默

如果你用這種方式看待 WordPress，那這條路可說頗為艱難，即便有人真的想方設法度過了讓多數人放棄的所有障礙，當他們最終發文之後，遇上的竟然是個漠不關心的沉默宇宙。WordPress 本身幾乎不會顯示發生了什麼好消息，只會在螢幕頂端用小字提供一句簡潔的「貼文已發布」。我很確定有些使用者會因為我們如此敷衍地確認他們花了好幾個小時產出的成果，而懷疑自己是不是做錯了什麼事。而他們若是第一次發文，保證不會有流量，沒有流量就表示不會有來自訪客的回覆，這是個超反高潮的經驗。對一個部落格來說，在線上得到關注是個額外的挑戰，會需要好幾週的用心經營，而我們根本沒有協助使用者了解或是克服這個挑戰[6]。

Automattic 學到的一課是：增加功能並不是當下該解決的問題。我們有各種功能，和競爭對手相較下也頗有優勢，因此增加更多功能並不會促進更多人完成發表文章的流程，除非這些功能可以幫助使用者克服最初的障礙，但幾乎都沒辦法。我向數據團隊的組長馬汀・雷米詢問，請他給我們和這個假設相關的數據，數據團隊的職責很多，包括開發 WordPress.com 上最受歡迎的功能之一：告訴部落格主每天總共有多少點閱的數據元件。他們的另一個角色則是協助像我們這樣的團隊，以資訊回答和使用者行為相關的問題，結果數據非常驚人：部落格

6｜麥克・亞當斯開發了一個叫作 Publicize 的功能，只要使用者在部落格上貼文，就會自動在他們的推特和臉書帳號同步更新，但是要協助使用者理解這個功能的價值，以及如何安裝，都並非易事。

中有超過百分之五十連一篇文都沒發過，這麼高的數量反映出以下兩個問題。

首先，對免費網路服務來說，低使用率頗為常見，大多數的人氣網路服務，像是推特、臉書、Gmail 等，都會很驕傲的告訴你他們有多少「使用者」，卻為求省事地迴避了這些「使用者」，究竟有多少從來都不活躍，甚至在過去一個月內只有登入過一次而已。

第二，很多人的朋友都會告訴他們：「你應該要開個部落格。」因此他們就花了幾秒鐘在 WordPress.com 上創立了一個部落格，結果這反而比發文還要容易，許多人創立部落格時，都沒有特別規劃，也不知道第一個月要期待什麼，很像是先買了一把吉他，然後希望有天會去學怎麼彈，僅僅擁有一把吉他，或是一個部落格，並不會伴隨著使用的承諾。

透過我設定的簡單流程來找出問題，現在我們有了能評估功能構想是否優劣的方式：

· 這個功能可以促進更多人走完流程嗎？
· 這個功能在使用者成功發文後，能給他們更多獎勵嗎？

我們決定，未來只要是能達成這些目標的功能構想，就比其他的還重要。

有個很棒的構想是，每當有人回覆部落格貼文時，就寄一封電子郵件通知部落格主。即便我們已經提供訪客許多方式，去表示他喜歡所讀到的東西，包括一個類似臉書按讚的功能，卻沒有做任何事去通知部落格主，因此我們的目標變成在某些好消息發生時，寄一封簡單的電子郵件通知部落格主。這個構想稱不上多天才，但我們也不需要天才，我們只要開發出能協助我們使用者的重要功能就好了。

我寫好發布公告，並請負責開發按讚功能的皮特林著手開發通知功能，包和亞當斯也幫忙了某些必要的技術細節，同時開發了額外的訂閱通知電子郵件，也就是如果有訪客訂閱了部落格，我們也會寄一封電子郵件給部落格主，通知這個好消息。整個過程只花了幾天而已，由於我們可以回收 WordPress.com 寄給使用者電郵的程式碼，我們也挑了幾項數據來追蹤，包括有多少人會取消這個通知。每封電郵裡都會包含如何取消的說明，我們想知道這個功能究竟是有用，還是很煩。

功能發布時我們總會計劃好一起上線，這是個很棒的安全措施，以免事情出錯時，導致我們必須快速應變。不過一起向世界發布某個新東西，也給予了我們很多情緒上的滿足感，社交團隊總是充滿很多玩笑話，在我們模仿 NASA 倒數發布的時刻，總是會發現我們遺漏的小問題，但只需要一個人去修就好，剩下的人就可以彼此開開玩笑。我常常會以我們接下來要蒐集的

某項數據和大家打賭，以便維持大家對它的興趣。這天我們都同意在十二點半發布，但實際的發布時間是太平洋時區十二點四十四分，以下便是那天的 IRC 對話記錄：

12:44　勃肯：來打賭第一個取消通知什麼時候會出現？

12:44　mdawaffe：太平洋時區十二點五十二分

12:45　勃肯：等等，要賭什麼？：）

12:45　mdawaffe：嗯……我也不知

12:45　A‧皮特林：下次聚會的第一輪

12:45　A‧皮特林：當然是第一輪啤酒啦

12:45　mdawaffe：聽起來很合理

12:46　A‧皮特林：等等，這表示你贏了才要請，聽起來不太對哦：）

12:46　mdawaffe：噢，哈哈

12:46　包‧李本斯：不，如果你贏了，那每個人都請你一杯：）

12:46　mdawaffe：那三個開啟通知是我們在測試嗎？

12:47　包‧李本斯：沒錯

12:47　A‧皮特林：我賭五十一分

12:47　mdawaffe：哈

12:47　包‧李本斯：我猜五十八分

12:48　勃肯：我久一點，我賭一點十五分

12:48　包‧李本斯：我們是要賭取消訂閱通知還是按讚通知？還是兩個都是？

12:48 勃肯：兩個都是

12:51 mdawaffe：OK，皮特林，你時間快到了

12:51 包‧李本斯：一直狂按重新整理重新整理重新整理吧

12:51 A‧皮特林：加油啊酸民們！

12:51 包‧李本斯：@A‧皮特林 不要自己去取消通知哦

12:51 A‧皮特林：哈哈

12:51 勃肯：哈哈

功能發布後兩天，我們就有豐富的數據，顯示各通知發送的頻率與趨勢，我們很快得知每天會送出一萬八千則通知，按讚和訂閱的比例一半一半，而把這項功能關閉的使用者人數非常低，這是個好跡象。

社交團隊發布的每個功能，都會使用同樣的程序，我們常常在發布後就會發現新的錯誤，或是找到數據中不合理的模式，進而深入研究。有時候我們會重新設計部分功能當成回應，並以更小的規模重複整個程序。花費四十八小時處理發布問題後，事情會平靜下來，我們就會繼續去做其他事，有時候我們會決定針對同一個功能再進行一輪，也可能會去開發其他功能。

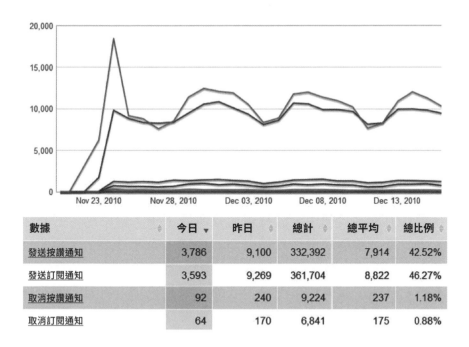

數據	今日 ▾	昨日	總計	總平均	總比例
發送按讚通知	3,786	9,100	332,392	7,914	42.52%
發送訂閱通知	3,593	9,269	361,704	8,822	46.27%
取消按讚通知	92	240	9,224	237	1.18%
取消訂閱通知	64	170	6,841	175	0.88%

最重要的是，用這種方式工作很有趣，我們是個小團隊，我們
速度很快，我們擁有所有想要的數據，可以協助我們決策，我
們也喜歡一起合作。我的挑戰在於如何賦予我們的工作意義，
任何人都可以開發跟發布小功能，但我們必須玩更大，不只是
功能而已，還必須是朝向正確方向的功能。

一起工作三個月後，我們開始規劃到雅典的第一次聚會，而也正
是在那裡，我做出在社交團隊組長剩餘任期中的兩個重要決定。

CHAPTER 12

雅典迷途知返

在雅典的車水馬龍中，計程車司機叫我下車。當時是二〇一〇年十一月，希臘的債務危機已開始在國內掀起漣漪，工會的抗議人士怒氣沖沖，正和希臘國會抗爭，不讓政府拿走他們的薪水，並封閉了雅典的市中心。我的司機載我深入抗議人潮，但通往鬧區的主要大道已經堵住，由市警察護衛，當他指著交通狀況咒罵，叫我下車時，我還不知道究竟是什麼情況。我以為他是在嘲諷，「是哦，」我玩笑般地回他，隔板另一邊的計程車司機僅是指著路上混亂的交通狀況咒罵，可以有很多詮釋。他察覺到我的困惑，於是再次解釋並道歉，用清楚的英文告訴我，他不能再往前進了。從他訓練有素的聳肩看來，我發覺他近來應該蠻常這樣道歉的，他告訴我剩下的路程可以改搭地鐵，並在某張收據後面寫下我應該要下車的站名，幾個街區外就有個地鐵站，他也跟我說了要搭哪列車。我付錢給他，拿起我的包包往街上走去，雖困惑卻也很興奮，搭計程車的奢侈之處便是不用思考，但計程車就是一座移動式象牙塔，罷工讓我來到外

頭，情況可能更好，也可能更糟。

我看不懂希臘文，因而毫不意外找不到我要搭的車。車站主要出入口的走道上方，有各式各樣的標示和箭頭，但其涵義對一個剛下飛機的外國人來說，已經超出理解範圍。司機留下的紙條無法判讀，你完全可以覺得這可能是五六種語言的其中一種，我像個沒救的傻子一樣站在原地太久，低頭看看紙條，又抬頭看看標示，終於決定放棄。已經沒有其他選擇的我，只能使出最後一招：我帶著我的問題來到售票櫃台，站在一名非常不友善的女子面前。

她的不友善完全不讓人意外，沒人喜歡在售票櫃台工作，學校裡沒有半個小孩會夢想日復一日數著硬幣找錢，或是告訴雞掰的外國人那同一間他媽的廁所到底在哪。然而，多虧我在Automattic 的客服訓練，我現在對客服工作擁有和過去截然不同的看法，排隊等待也給了我時間思考其中的異同。她的工作是要協助大家使用運輸系統，就像快樂工程師是要協助大家使用發表系統，要是她的工作是以和快樂工程師相同的方式設計呢？在車站這種實體的地方工作，表示她必須在固定的時間親自工作，但除此之外，為什麼不能應用某些快樂工程師的模式呢？這兩個工作在本質上，都是有關教導大家去做某件系統理應能讓他們完成的事。

有一個最主要的差異能夠解釋她的不友善，便是組織的管理方式。我認為雅典公共運輸局使用的是大教堂式的管理模式，這名女子的工作方式和她的工作時間，還有最重要的，她如何向顧客提供協助，都不在自己的掌控之中。顯然是某個遠在他方，來自大教堂計畫總部的人，設計了所有擁有箭頭的標示，而建築師以設計完就閃人聞名，因此在建築開始使用後，從來不會回來看看他們的選擇究竟有沒有發揮效用。

比起把這名女子當成機器人，如果她有權力可以做些聰明的改變，就算只是小小的改變，又會怎麼樣呢？為什麼她不能擁有從她每天聽到的問題中學習的權力，並試圖找出辦法改進各種標示或手冊，這樣就有更多人可以不用靠她幫忙就找到路？如果跟 Automattic 一樣，雅典公共運輸局的所有新主管都必須先在前線工作三個禮拜，那售票工作會被怎樣重新定義，並讓員工得到更多權力呢？這難道不會對大家都帶來好處嗎，從售票員、主管、到旅客都是？隊伍的前進速度相當緩慢，大都是因為這名女子缺少內在或外在動機，使我有很多時間可以反省。

Automattic 是因為員工對 WordPress 的愛而雇用他們，這讓我想到這名女子，或是她的任何一名同事，究竟對地鐵有沒有任何興趣？當然，希臘政府幾乎請不起任何人，而且或許希臘所有友善的鐵道迷都移民了。如果你無法付給員工相應的薪水，那麼任何管理哲學也幫不上什麼忙。但我又一次想到，

WordPress 的燃料可是付出自己時間的自願者，跟 WordPress 一樣的文化可以套用在政府上嗎？或是套用在公共服務上呢？我不知道。最後，我仍是從櫃台後方的女子處得到我需要的資訊，但也就只有這樣，她完全沒有表現出她懂得任何英文，只是等我講完，然後舉起一根軟綿綿的手指，指向我要搭車的方向，我馬上啟程，很快就抵達旅館安頓下來。

雖然我們已經在線上一起工作了好幾個禮拜，並在海濱鎮見過一面，但社交團隊仍然沒有花太多時間和彼此面對面相處過。和其他人一起去旅行是個嶄新的領域，身為一個團隊，有關面對面時要怎樣才能相處融洽，我們還有很多事要弄清楚。剛入夜後，包、皮特林、亞當斯和我在大廳集合，首先要想的就是該做什麼，團隊聚會是全新的東西，我們是前幾個這麼做的團隊。最後我們決定閒晃出門吃頓飯，但過程並不是非常順利。即便我們的智慧型手機擁有強大的運算能力，我們對周遭地區也有一些基本的了解，旅行的疲憊仍造成了稱為「冷漠行走」的錯誤，我們經過好幾間餐廳，停下來看看菜單或往裡面瞄一眼，但我們實在太過冷漠，完全無視我們看見的所有事，只是繼續閒逛。

待在城市的第一晚，總會有股互相矛盾的衝動：一個是在疲憊的移動一天後，好好放鬆安頓；另一個則是去看看城市，體驗特別的事物。沒有人想待在飯店大廳的硬石餐廳，但順從誘惑

和其他三個有時差，而且從來沒有一起旅行過的人，妄想尋找美好的共同用餐經驗，根本是個錯誤。

恍惚的狀態提升了所有人對不稱職情境的包容力。由於某些沒人可以解釋的理由，我們最後來到某間餐廳，成為唯一的顧客，這是我們見過最悲慘又最疏於管理的餐廳。在燈火通明的旅遊陷阱區的黑暗邊緣，我們在某間餐廳挑了一張室外桌，隨後還發現這間餐廳只有一名員工在打理，而多數時間他都在抽菸，或是消失到樓下的廚房中，每次十分鐘。此次沒有任何特色的用餐經驗中，唯一難忘的時刻就是有一名流浪小女孩，可能十一歲吧，到我們的桌邊乞討，因為沒有其他顧客，很容易就能看出我們是觀光客，而且我們又沒有餐廳員工的保護，她就這麼坐在我們桌邊，一遍又一遍重覆「行行好……行行好」。她甜美的棕眼和深色長髮看起來還算健康，衣著也頗為整齊，但或許在觀光季結束好幾個禮拜後，這一整天的乞討成果並不怎麼豐碩，她直視我們的眼睛說著「行行好……行行好」，並把手伸到我們的桌緣，我們還沒有半樣食物上桌，於是我們認為這代表她想要的只有錢而已。

一開始還頗令人動容，一個飢餓的孩子在尋求協助，擺弄著我們所有人都擁有的最根本同情心，她重覆著「行行好……行行好」，並和我們每個人進行長時間的眼神接觸，但她的語調比較像是命令，而非請求，讓人很難和她產生連結。由於我無法

解釋的某個感覺，捐錢給她似乎是個錯誤。她充滿侵略性的堅持讓情況一觸即發，在漫長又令人痛苦的幾分鐘後，她終於離開。這實在令人困擾又難過，我到現在都還是覺得後悔，懷疑我們是不是該做點什麼。我有時候確實會把食物拿給街友，但她的侵略性關閉了這些感覺，不過這趟旅程結束後，我捐錢給了一個負責照顧流浪兒童的希臘慈善組織「孩子的笑容」。

我之所以分享這個故事，是因為這個經驗帶來的震撼，讓我們從集體時差的恍惚中醒來，這對我們所有人來說都很怪，即便我們都覺得不太舒服，還是一起共度了剛剛發生的事。那段回憶的張力，即便到了現在，也都超過任何我們團隊在線上共事得到的體驗。雖然我們沒有給那個女孩任何東西，她卻帶給我們一個禮物，有個故事可以分享。這是一個新團隊在第一趟共同冒險中需要找到的某種東西，這次相遇讓我們全都醒來了。

我們知道麥特稍後便會抵達，所以吃完晚餐後，便在附近尋找酒吧，準備在那邊等他並努力對抗時差。可能是好運，我們在飯店的轉角處找到一間小酒吧，叫作普拉卡咖啡。燈光昏暗，外頭也沒有可供辨識的標示，很難認出這裡其實有在營業，很可能只是個嬉皮鄰居的一樓客廳。門外擺了幾張空桌，還有一對年紀比較大的客人坐在店裡靠後方的凳子上，除此之外一切都空蕩又安靜，活力十足的客人正在吧台前和酒保聊天，我們猜他應該就是店主。我們想找個可以聊天，又能提供食物和啤

酒的安靜地方，於是注意到樓上的陽台，心想：中大獎了。我們問酒保能不能使用陽台，因為那有可能是住家的一部分，不是店面，但得到了熱情的允許，看著啤酒的龍頭，還有一些零嘴，我們知道來對地方了。

狹窄曲折的木階梯通往一座根本是大一新鮮人宿舍完美典範的陽台，低矮的天花板下是一組沒有椅背的椅子，還有繽紛的黃色抱枕、古董檯燈、深橘色牆壁、花朵狀燈飾也都塞進天花板下的小空間，角落有一座大半空蕩的書櫃，某些牆面上則掛著尺寸怪異的畫作。很快地，幾輪只有外國人會喝的當地啤酒Mythos送到我們手中，我們的精力也回來了。每一輪上酒時，友善的無名酒保都會順便拿來一小碗辣洋芋片，這點小東西在我們疲憊的旅人之眼中，與偉大的創新無異。我們展開生氣蓬勃的深聊，結合了超棒的 Mythos、笑話和我們團隊應該如何運作的有趣討論。

麥特終於抵達後，我們已經喝了不少 Mythos，心情都嗨了起來，麥特一繞上最接近陽台的那級階梯，亞當斯就站起身來跑向他，並給他一個擁抱。但接著 Mythos 開始發揮效用，他們一起摔倒，隨著他們朝牆邊倒下，我們全都發出一聲驚呼，擔心自己的組員會殺死我們無懼的領導者。他們差點撞到牆上的巨大畫框重重摔在地上，確定他們平安無事之後，我們開懷大笑，為了確保能替麥特的到來好好乾杯，又叫了另一輪酒。心

情一嗨，時間就開始飛逝，陽台酒吧很快就要打烊了，我們是這裡好幾個小時以來唯一的客人，到了凌晨兩點，店主的好客也來到了盡頭，他告訴我們唯一可能還在營業的酒吧叫作小丑，就在幾個街區之外。

我們晃過狹窄的鵝卵石街道時，發現人行道為了防止車子開上去，用了成排的柱子保護，每根柱子都有九十公分高，間距將近一百二十公分。在那趟路程間，我們展開各種幼稚的打賭和挑戰，包表示他可以從一根柱子上面跳到另一根，而就跟所有朋友會做的一樣，我們鼓勵他挑戰。身為工程師，我們稍微討論了一下他成功的機率，評估圓形柱子的表面積，思考跳躍最佳的角度和高度，甚至還包括柱子的不規則排列會有多少影響。猜測結束後，包和電影《小子難纏》裡面一樣，迅速站上最靠近的一根柱子，一腳朝前，雙臂張開，接著彎下身準備起跳……

他成功跳上下一根柱子，這本身就很猛，然後往第三根跳，但他在半空中的軌跡看似已經出錯，讓人不禁懷疑正確的軌跡為何，他的腳從柱子上滾落，人也即將往人行道上重重摔去，雙手大張，下方只有水泥等著他。不過包正常演出，不管是來自澳洲的酒醉跳躍訓練，還是他學過的以色列防身術，他在半空中就發覺自己的困境，想辦法縮起身體滾動，以滾姿背朝下著地，只有手肘撞到地板。他站起身，顯然因為自己還有辦法站起來感到訝異，並相當興奮自己還活著，開始檢查身上的傷勢。

他的手肘磨了個銀幣大小的破皮，這似乎是合理的代價，他很高興，我們也是。我們邊開玩笑邊搖搖晃晃走向小丑酒吧，這是間小酒吧，主要是由擠滿人的樓梯間構成，我們在外頭的一張桌子就位，邊聊天邊喝酒直到太陽幾乎升起，我們以新朋友的身份一同在雅典寂靜的街上度過了一個美妙的夜晚，背景則是身後酒吧的喧囂。

麥特．穆倫維格拍攝

隔天快中午時，我們集合到外面吃了頓很久的早餐，我對團隊聚會該如何進行，已經有清楚的想法，經過第一晚後，我想要開始做事。然而，由於麥特人也在這裡，看來最好是跟隨他的領導，讓他決定工作要怎麼進行。面對面一起工作已經很罕見，但團隊能和麥特聊天更罕見，因而值得將其視為優先事項。在

我們飯店後方，那座可以看見帕德嫩神廟景緻的美麗戶外花園中，我們坐在一張長長的木桌邊，享用一頓愉快的自助式早午餐，對話以高速進行，就像海中一艘醉醺醺的快樂快艇，我們沒有議程，沒有人試圖提出議程，也沒人在做筆記，不過我時不時會在筆記本上列清單。

Automattic 總是將會議視為災難，會議相當罕見，特別是面對面的。況且時間非常不急，所以也沒什麼壓力需要把會議開得更好，世界上大多數地方都存在死線，如果你沒有死線，那麼決策要有效率的需求也會逐漸消失。在沒有時程表和預算限制的情況下，很少有什麼決策會帶來永久性的後果。但風險最高的決策會由麥特決定，因此，我們的會議跟 P2 上的對話一樣是閒聊模式，沒什麼規則可循。在 P2 上，任何人任何時候都可以回覆，其他人都可以自由決定要忽略還是要回應，沒有什麼硬性的結束，也沒人有興趣去宣布結束。有種會議方式是把要討論的問題都列成清單，這樣會議就有可以依循的骨幹，但那天早上的會議也沒有這種東西。

我們邊在溫暖的地中海陽光下放鬆，邊跳著討論公司策略、寫程式技巧、功能構想、我們見過的錯誤、其他團隊的八卦，然後又重來一遍，過程有趣又充滿啟發，在最根本的層面上，這就是一群溫和又聰明，在意相同事情的人在跟彼此聊天，這就是主管們花了整個職涯試圖創造，卻大多都失敗的那種化學效

應。而這一切立基在雅典的氛圍上，誰會在雅典開團隊會議啊？誰會跳上飛機，跑來雅典和同事會合啊？這提供了整場聚會持續不斷的背景能量，發自內心的感覺到，我們一起聚在一個超棒的地方，有美食相伴，並以所有想像得到最棒的方式提供我們高品質的工作生活。我從來都不完全明白我們那時怎麼會在那裡，但效果顯而易見：我們全都幹勁十足、受到鼓舞，準備好把我們的旅程帶到一個超棒的地方。

很快地，我遭遇到的挑戰就是，要在這團混亂中做好身為領導者的工作。我們之間的對話很棒沒錯，但身為那個負責確保社交團隊能夠發布優質成果的人，越來越多的開放式想法讓我覺得不太舒服。如同我在前幾章中所解釋的，我們的問題不是想法多寡，我的腦中有個時鐘在倒數計時，在想我什麼時候要做出重大決定，結束這些討論。我們團隊的願景是什麼？我們願意為什麼偉大目標付出？我想要在雅典決定好這些事，以一個團隊的形式和麥特當面討論，我想要我們豪賭一場，讓全公司知道我們可以擁有大教堂式的願景，並用市集式的方法完成。我不想要我們花好幾天繼續重覆更多構想，結果回家時還是跟我們抵達時一樣搞不清楚頭緒，瓶頸從來不是程式碼或是創意，而是欠缺清晰。

我們必須做出的其中一個重要決定，和回覆功能的未來有關，這是部落格讀者的基本功能，可以回應部落格主發表的東

西，我們的目標是要讓使用者更活躍，回覆因而相當重要。WordPress.com 上每天大約會有三十萬則回覆，而我們想要改進設計，這樣才會有更多訪客願意回覆，但這挑戰在於我們擁有兩種不同的技術：

・WordPress.com 內建的回覆系統
・IntenseDebate：Automattic 二〇〇九年收購的一個回覆外掛程式，在 WordPress 上和跟我們競爭的部落格軟體上都可以使用。

IntenseDebate 很受歡迎，但卻是用和 WordPress.com 截然不同的方式開發，兩者無法共用程式碼，所以我們在其中一邊做出的調整，也必須在另一邊做一次。這是個大問題，以投資策略來說，你不會想要一直做同一件事兩次，如果我們想把回覆功能當成策略重心，那我們有三個選項：

A. 同時投資 IntenseDebate 和 WordPress.com 的回覆功能
B. 只投資 IntenseDebate
C. 只投資 WordPress.com

A 選項和 B 選項都沒什麼道理，如果選擇只投資 IntenseDebate 這個永遠無法直接改善 WordPress.com 的產品，那就是傻了，因而 C 選項是唯一有可能的，我知道包和亞當斯很可能會同意，

但麥特的想法很難捉摸。我們曾透過 Skype 詳盡討論過，並了解有這些選項，但他比我還要樂觀，IntenseDebate 可以在和我們競爭的系統上運作，因而可說保護了我們的側翼，這也是 Automattic 當初收購它的原因，收購頗為合理，但你在側翼上的投資，永遠不應該比前線還多，如果你這麼做，那就永遠都會是在防禦，不是在進攻。

早午餐吃到後來，我提出充分的理由努力推銷選項 C。目標應該是單一程式碼庫及單一設計，這樣就可以在很多地方重覆使用。雖然 WordPress.com 的回覆功能要花點時間才能追上 IntenseDebate，但要花多久時間無關緊要，一旦格式統一後，所有調整就都可以重覆使用了。我們也沒什麼討論，所有人都迅速同意我提出的計畫，我們短期內會對 IntenseDebate 做一些策略調整，接著就會專注在 WordPress.com 上，我們也暫時拋下 IntenseDebate 未來的定位問題，因為我們不需要馬上決定。

那天稍晚的下午，我們走過蘇格拉底也曾走過的市集廣場時，決定把這個統一回覆功能的任務稱為「Highlander」，典故就是同名的經典科幻電影《時空英豪》，片中騎士會彼此決鬥，直到只有一人存活。我很確定我的團隊都不知道這也是個微軟老笑話，任何目的是要取代其他專案的專案，都叫作 Highlander，而由於常常都有一堆彼此競爭的專案，因此許多

專案都會撞名。

撤除笑話，這個決定讓我們團結起來，漫無目的的討論和大範圍的構想現在比較少出現了，因為我們將精力投注在大問題上面，這是一個很大的挑戰，可能要花好幾個月甚至好幾年才能完成。我們都頗為滿意，卻都渾然不覺我們剛剛為自己創造了多少麻煩。

CHAPTER 13

加倍下注

爬上帕德嫩神廟的階梯時，就算我對我的老闆有什麼抱怨，也很難想起來究竟是什麼。帕德嫩神廟名列世界上最偉大的建築之一，位於壯觀的衛城內，這是雅典上方一百五十公尺處的一塊高地，山坡和建築物入夜後會打上燈光，從我們飯店的窗戶可以看見其盤旋在城市上空，就像一幅馬格利特的畫作，描繪飄浮在天上的山中堡壘。我在旅遊手冊中得知，帕德嫩神廟當初興建時，色彩本來相當鮮豔，我們聯想到古蹟的古老大理石，其實是歲月的雕琢，而非原始設計。奇怪的是，在我們造訪期間進行的修復工程，並沒有計劃要將其恢復成原本的亮綠色和亮黃色。大家都覺得古蹟看起來就要像是古蹟，所以修復工程會將其恢復成我們過去的印象，再次證明了客觀的歷史是種幻象，根本不可能達成。

帕德嫩神廟當然無疑非常美麗，但比起美學層面，我比較欣賞其達成的建築成就，身為一個工程團隊的領導者，很難不去思

考在距離出現動力工具、電燈、冰涼啤酒，還要好幾百年的兩千年前，從十六公里外的採石場小心翼翼地把十萬噸脆弱的大理石搬上這塊高地，所要面臨的許多挑戰，我也並不意外答案中包含奴隸勞工，因為這一定是非常繁重的工作。

在偉大專案的某處，發現繁重的工作，永遠都不會令人感到意外，這些工作永遠都不會和最後的成果受到同等重視，困難的部分常常不會出現在小冊子或是團體導覽中。史帝夫‧賈伯斯執著於讓蘋果產品的內部也要看起來很漂亮，即便根本不會有人看到，總讓我覺得好奇又詭異。多數他所欣賞的古代和文藝復興時代大師也不會這麼覺得，創造美麗的事物，有時會需要醜陋的努

力。喜歡偉大事物，卻對其創造過程一無所知的人，對於為了要創造出任何東西，而不得不把自己的手弄髒而困擾。他們以為一團混亂表示他們做錯了，即使多數時候只是代表他們終於開始認真工作了。這不是在說你應該故意製造混亂，這樣會很蠢，但認為混亂是錯誤的開始這種想法，只是凸顯了無知而已。

我們決定進行 Highlander，也就是專注在單一回覆系統的專案，導致了不少艱難的抉擇，但在當時我們大多數都還看不見。二〇〇八年，Automattic 收購 IntenseDebate 時，其創辦人以薩克・基葉特和瓊・福克斯也加入了公司，到了二〇一〇年時，他們已經轉到其他專案，IntenseDebate 則由包接手處理。Automattic 的大家在專案之間來來去去還蠻常見的，背後的準則是：流動是傳播知識並持續讓大家覺得感受到挑戰，以便不斷學習的唯一方法。但 IntenseDebate 在許多 Automattician 之間的名聲都是過於精細，不太好開發，就連只是在他們自己的部落格上安裝都是這樣，程式碼庫的工程師也跟一般人一樣，會因為這樣的名聲做得很痛苦，而且名聲還很難擺脫，因此沒什麼 Automattic 的員工有興趣參與 IntenseDebate 的開發。

包做了他身為一個好士兵該做的，沒有怨言的就接下了這個工作。根據他的說法，IntenseDebate 使用的架構，讓常見的錯誤很難修復，他雖然已經適應怎麼修正這些問題，但還是需要花點時間進行這個令人受挫又無趣的工作。這個專案和

WordPress.com 其他專案開發的方式截然不同，一般收購時常會創造出一個悖論，遭收購的公司很難融入收購方的公司，而原因正是其起初會吸引收購方的理由。因為你想收購的東西，反映出了截然不同的思考模式，這有價值沒錯，但其中的差異和你原先擁有的文化互相衝突。就像器官移植，天然抗體會展開對抗，阻止新器官融入，而你越是想方設法強迫其融入，一開始吸引你收購的部分就會越剩越少，絕大多數的收購都是因此失敗，但沒什麼主管了解這個悖論，或是自以為對其免疫。

就算我們整個團隊全心全力投注，進行 Highlander 專案也會花費好幾個月的時間。這當然是不可能的事，因為光是為了維護現有的功能，我們就要花百分之二十到四十的時間去修復錯誤、性能問題、以及其他大規模服務自然而然會產生的問題。雖然我們不知道我們花在維護上的精確時間，畢竟沒人在追蹤自己的工作時數。

這使得我們要管理 IntenseDebate，只剩下兩個選擇：

・A 回應式：等待問題出現，並在必要時回應。這類問題發生時可能急迫、複雜、混亂，但只要我們向對的神祇祈禱，就不會常常發生。
・B 預防式：現在花兩個禮拜去改進 IntenseDebate 的弱點，以降低新問題出現的機率。

這裡的問題點非常常見，你會去修那個緩慢漏氣的輪胎嗎？你會馬上去看痠痛的手肘，還是希望它會自己好起來？我曾聽過相關專家宣稱針對這類日常情況存在完美的等式，但我可以告訴你，絕對不存在。當然除非你有一台時光機，但如果你有一台時光機，你就不需要擔心你所有的決定了，只要你不喜歡結果，回到過去重做一次就好了。在沒有時光機的情況下，所有選擇都有出錯的可能，你的宇宙模型可能是過去的完美模型，但過去對於預測未來，並不是可靠的預測指標，因為根本沒有這種東西存在，某些模型會比其他模型更可靠，但黑天鵝效應可以粉碎一切，而且有時候你的模型可能有很大的問題，只是靠著純粹的運氣讓結果還行。所以最棒的方法，就是評估風險、權衡替代方案、勇敢向前，然後再來一遍。由於 Highlander 專案並不急迫，如果晚一點再改善 IntenseDebate 的架構，也不會有太多成本，所以我們選擇 B 選項。

完美的決策等式不可能存在的部分原因，在於你永遠不可能知道你是買了太多保險，還是太少，你看手肘找的是對的醫生嗎？你問的是正確的問題嗎？你可能以錯誤的方式做出正確的決定。我們 B 計畫的其中一個風險，就是兩個禮拜有可能不夠，我們可能要花上好幾個月，結果才改好一個弱點。對這種不確定性的擔憂，導致大家鎮日空轉，努力思考所有可能的結果，並使用成本效益分析，或某些就算是發明者都不會使用的酷炫方法在試算表中計算。但這所有分析都只是讓你站在邊線上躊

踏不前而已，更好的選擇是直接丟硬幣，然後看看要往哪個清楚的方向前進，你開始前進之後，不管是試著要到哪裡去，都會獲得新的數據，新數據會帶來新決策，而下一個決策永遠都比待在邊線上，並在沒有時光機的情況下，試圖拚命預測未來還要好。

我需要但缺少的東西，是評估 IntenseDebate 程式碼的方法。和其他許多年輕公司一樣，Automattic 沒有正式的檢測程序，在維護 WordPress.com 以及伺服器的運作上，貝瑞和系統團隊做的非常好；但是在功能層面上，也就是到了那些在伺服器中運作的程式碼層面，每個團隊就各自為政了。多年前我也曾參與過像 IntenseDebate 這樣的即時系統專案，但我們當時有診斷工具可以找出問題跟測試調整，Automattic 卻沒有這樣的工具，而且也沒什麼人有相關的開發或使用經驗。

我大致上蠻喜歡 Automattic 這一點，缺少專職的檢測人員，使所有員工都要對品質負責，如果公司有很多檢測人員，那這種擔責態度就會很罕見。新創文化和小型團隊這點很棒，讓每個人都需要幫點忙，因為有太多工作要做，你就不能躲在職銜後面了。就像找朋友幫忙重新裝潢房子一樣，藉口減少了，每個人都應該要拿個油漆刷或是倒一些垃圾。從前微軟也會刻意減少團隊人數，以降低藉口和鳥事出現的頻率，過度縮減會帶來悲劇沒錯，但只要縮得正確，並自由分配責任歸屬，那麼團

隊士氣和產能就會維持高標，充滿熱情的人喜歡覺得自己像是擁有權力的弱勢團體。

我知道這兩個禮拜可能除了一份評估報告之外不會有任何回報，但這可以讓我一次得知兩件事，我喜歡這點。第一件事就是可以好好檢視程式碼本身，加上皮特林跟亞當斯的新觀點，可以促使包重新評估整個東西，他不再會是孤軍奮戰，這就改變了一切；第二件事則是我們將學會社交團隊是怎麼處理一個不受歡迎、模糊、可能會很討厭的問題。以我的角色來說，得知第二個觀點非常重要，這可以協助我回答以下問題：

・**我們的團隊在壓力下會是怎麼樣的？**
・**我可以仰賴誰？**
・**誰會先受不了？**
・**哪個程式設計師會決定工作步調？**

我們的團隊還太年輕，讓我無法得知以上問題的答案。而且由於我們全都同意在第一次的兩週循環之後，重新評估整個計畫，我也沒有什麼好損失的，如果我知道再過幾公里的軌道處，就有個轉轍器可以關閉一切，那我就可以在一輛有可能失控的列車上安心實驗。

在 Automattic 頗為流行一個態度，就是所有大型專案只不過

是由一連串的小型專案組成，我喜歡這點，這能避免一些蠢事的發生，像是現行的專案限制你去愛上更偉大的計畫。按照這個玩笑，如果你根本沒有計畫，那你就也完全不需要擔心計畫會出錯，如同那句簡潔有力的「地圖不代表實景」，如果你製作了一張精細的地圖，你就會忘記當你盯著你漂亮的小地圖時，世界很可能已經變成最糟的狀況。大家會開下懸崖或掉進湖中，因為他們的 GPS 設備告訴他們那裡有路，結果其實沒有，而只要不用 GPS，就不可能發生這種事。

以專案來說，如果你只製作小型地圖，比如說，接下來兩個禮拜的規劃好了，你就永遠不用承擔地圖錯得離譜的風險，而且你會從眼前的情況學到更多，因為你完全專注在眼前，很多新潮的管理技巧都對這點大書特書，但這其實是老把戲了。企業家、歷史上所有軍事組織的領導者、各式各樣的藝術家，早就已經都知道這點了。但就算是擁護小型計畫的人，也有可能會出錯，你永遠都不應該崇敬任何形式上的方法，唯一理智的工作方式，就是讓專案自行定義計畫，只有笨蛋才會在研究好工作之前，就先挑好工具。

但是把工作細分成小部分，也就是網路產業和 Automattic 的工作方式，便是蠢事仍有可能因為缺乏遠見而發生。我說的遠見，指的是透徹地思考，即便只有想幾個小時也好，想想所有部分怎麼拼在一起，或是考慮哪些部分最困難所以先做這些，

以確保專案的可行性……等等。最糟的莫過於，花了好幾個月一步步完成某件事情，卻在接近尾聲時才發現，最後一個問題的唯一解決方式，需要重做你到目前為止的所有進度；或者是如同許多微軟產品和目前 WordPress 的案例，許多獨立設計的小功能彼此競爭用戶的注意力，犧牲的卻是整體的使用者體驗。

就像 Highlander 專案和 IntenseDebate 的決策，完美的答案並不存在。在領導各式專案多年後，我學到的最大教訓，就是我必須定期在小型的市集思考模式和長期的大教堂思考模式之間切換。我會問我的團隊：「如果我們一口氣開發這三個功能，要怎麼樣加起來才會大於三？」我不想要他們一直專注在思考遠方，但我確實想要他們定期抬起頭看看遠方的地平線，因為這一瞥是改進他們評估手上成果的方式。

我們甚至都還沒開始 Highlander 專案，野心就已經淹沒我們的理智，麥特一直提起的另一個大型專案是某個他稱為「.org連結」的東西，他常常提到，頻繁到其他 Automattician 也會在 P2 跟 IRC 上講到，我就常在對話中無意間聽到，「等我們有 .org 連結，我們就能怎樣怎樣」或是「在我們有 .org 連結之前，我們不應該開發那個」，彷彿這個連結真的具體存在於這個宇宙中，然而當然沒有，甚至沒有半個程式設計師，嘗試舉起一根手指開始思考要怎麼開發。這種太監軟體的猜想實在快要把我逼瘋，多數 Automattician 都還太年輕，不知道太監軟

體可以搞上好幾年，大家持續相信某個根本沒人在著手開發的東西，並因爲一個不容挑戰的神話阻止了許多好計畫展開。

不過這個構想本身很棒沒錯，這也是爲什麼其名氣能夠超過現實。簡而言之，麥特想要一座橋樑，可以連結所有 WordPress 部落格，以及目前只能在 WordPress.com 伺服器上的那些部落格裡運作的特殊功能，比如我的團隊開發的訂閱通知電子郵件功能，就只能在 WordPress.com 的部落格上運作。世界上總共有六千萬個 WordPress 部落格，但有半數是使用 DreamHost、Media Temple、GoDaddy 的伺服器服務，有了這座橋樑，WordPress.com 上的擴充功能，在世界上所有 WordPress 部落格上就也可以使用。對那些部落格主來說，這會是很棒的情況，因爲他們可以免費使用更多好用軟體，對 WordPress 來說也是，因爲平台會更強大，還有 WordPress.com 也是，因爲這會讓許多 WordPress 使用者第一次知道 WordPress.com 的存在。如果說 Highlander 專案是要二合一，那這座橋樑就是一石三鳥，這讓我這個小小的團隊組長心臟都飄了起來。

我努力說服讓社交團隊接下這個專案，我們有亞當斯和包這兩個擁有正統技能的程式設計師，而且許多 WordPress.com 上現有的功能，透過橋樑連結會發揮最大效益，其中很多是由我的團隊負責，包括 Publicize、訂閱、使用 Email 發文等。雖

然以上邏輯確實存在，但我的野心實在很蠢，Highlander 專案要不是需要搞上好幾年，至少也要花上好幾個月，已經遠遠超出我們的負擔。我們團隊在進行棘手的決策時，常會使用來自二十一點的術語「加倍下注」，我們全都認為把賭注加大，可以解決許多問題，因為這會強迫你正面迎戰而非迴避，而承諾打造出 .org 連結，也是公司任何團隊所能做的最大賭注了。

不需要任何討論，我們全都同意社交團隊應該接受挑戰，但其中沒有任何實務考量，我們要什麼時候開始？不知道。要怎麼樣運作？不知道。但這些擔憂從來都沒有出現，一如所有年輕男子迷失在他們的雄心壯志中時會發生的事，要展開大型專案，你必須要有妄想的能力，所有理智的人，聰明歸聰明，卻都過度理性，不會幹瘋狂的事，而在這一點上，我們花了一整天走過蘇格拉底、柏拉圖、亞里斯多德走過的階梯，更是鼓動我們深信最偉大的夢想將會實現。

那晚我們出門享受了一個愉快的酒神戴奧尼修斯之夜，麥特的當地朋友史岱方諾斯・柯佛普洛斯接待了我們，他帶領我們前往一連串超棒的夜店、酒吧、小吃店，NUX 團隊的組長尼古萊・巴臣斯基當天稍早也從保加利亞飛來一起加入。我們一路吃喝、討論、腦力激盪到晚上，不斷出現的挑戰便是幫「.org 專案」找個名字，想法一輪接著一輪出現，從「連結器」、WordBridge、到數十種變體和文字遊戲，聽起來都不太順。

包最後提出 Jetpack，我們都蠻喜歡，但還不足以停下其他嘗試，但隨著夜晚逐漸流逝，這個名字越聽越順耳，很快就停留在我們腦中。那晚深夜，我們終於上床睡覺時，全都睡得又香又甜，因為已經選定並命名兩個將定義我們自己和我們團隊的重要專案。

CHAPTER 14

老大只能有一個

我們團隊最早流行的其中一個笑話便是跟烏佐酒有關,沒人記得是爲什麼、又是怎麼開始的,但某天晚上跟史岱方諾斯、尼古萊、麥特出去時,我們想要喝一輪酒慶祝,於是詢問女服務生雅典有什麼當地酒類,她提到烏佐酒,我說我討厭到不行。結果所有人馬上慫恿我們喝一輪烏佐一口酒,我們也眞的喝了,還喝了好幾杯,一邊大喊:「烏佐!」這實在又諷刺又蠢,但我們全都爆笑不止,我確定我自己也點了好幾輪,這個笑話在那趙旅途中也越來越好笑。只是後來,就連我們自己都覺得膩了,不僅要喝,聊的也都是烏佐酒,於是我們訂了一條規則:只要有人提到烏佐,就表示他必須馬上停下手邊在做的事,然後乾一杯。按照社交團隊的這條規則,我光是寫好這段,就已經欠他們六杯這鬼東西了。

笑聲爲許多事物鋪路,這是在人們之間建立親密感的好方式,也是所有健康的團隊都需要的事,幽默在我的領導方式中也一

直扮演著重要角色，如果我能讓某個人笑，那表示他們頗為自在；如果他們看見我在笑某件事，他們也會覺得自在。這創造了情緒空間，可以在關係中運用的某種信任。分享笑聲也為你開設了一個正能量帳戶，在處理工作上的棘手問題時，可以從裡面提款或借貸，就是關係的緩衝。我幸運的地方在於包、亞當斯、皮特林和我都喜歡逗彼此笑，雖然常常會有點嗆，但我們還是笑了。Automattic 整體來說是個有許多內梗的地方，你也可以在大多數 P2 和 IRC 對話中找到尖銳又聰明的嘲諷，社交團隊的口味則更為扭曲和幼稚，只要你也喜歡，我們絕對是最有趣的團隊。

笑聲會帶來內部笑話，內部笑話則帶來共享的歷史，而共享的歷史就是文化。朋友、兄弟姐妹、伴侶，不就是你會分享重要故事的人嗎？家庭、部落、團隊全都以類似的方式運作，透過各階段的儀式和共同經驗建立連結，在極端情況下，人們甚至會為他們的文化犧牲生命。即便文化是以有機的方式形成，仍必須有人擔任促進者，讓事情開始運轉，加強好事、減少壞事。從許多層面上來說，這就是我在做的事，永遠都在尋找可以提升優勢的小方法，但我一直以來都很清楚，這裡主要的文化促進者是麥特。

如果你曾思考過某個家庭或某間公司為什麼是這樣運作，永遠先往上看就對了。所有組織裡的文化，都是由房間裡權力最大

的人每天的行為所形塑，如果你在工作時，有人常常朝別人大吼，原因就是權力最大的那個人允許這種事發生，那個人雇用了大吼的人卻無法阻止他、或把他拉到一旁問問他為什麼要這麼做。倘若權力最大的人選擇有所作為，這種行為就會停止，即便選擇可能是炒掉那個大吼的人。

在全世界的組織裡，每個出現糟糕行為的會議中，房間裡都有個權力最大、可以做點什麼的人，這個人的行為便會形塑組織文化，如果他保持沉默，那就表示被動默許眼前正在發生的事；要是那個人出聲表示「好主意」或「感謝你提出這個協助釐清的問題」，那所有人就都會注意到，也更有可能出現類似的行為。人性深處就是會看向高處來決定自身的行為，就算是在一間和Automattic 一樣這麼自治的公司裡也是，不管是透過在 P2、IRC、Skype 對話，都是由某個名聲最好、最有影響力的人選擇使用，這些選擇逐漸累積，變成外界稱為文化的東西。

當我自己策劃了某些社交團隊的惡作劇，對我團隊成員發起的那些視而不見樂在其中時，麥特都完全同意。在雅典時他沒有糾正過半次我的行為，質疑我們運用時間的方式，或是運用他的權力推翻我們的決策。他在雅典體現了史奈德想像中最理想的領導角色，他是區分出開發產品的人，是輔助開發者的人，甚至有點極端。麥特賦予我權力，萬一我的團隊失敗了，我也樂意負全責，因為他給了我空間、讓我打造自己的團隊。雖然

只要麥特想要，隨時都可以嚴加管控，如同我在公司看過的其他專案。但這還沒有發生在我身上，至少目前還沒有。雅典對社交團隊來說是段超棒的時光，我們的身分因此鞏固，而我假設這也是麥特願景的實現，團隊聚會就應該要像是這樣，或者甚至是更好才對，他給我們空間自己去定義。

和麥特當面開會是件很棒的事，他身上有股讓多數人驚訝的冷靜。他的權力和影響力這麼大，說話卻總是頗溫和，還會掛著笑容。他很容易發笑也很喜歡笑，但有時卻可以很安靜，很難捉摸他的心思，特別是當他有意為之的時候，不過他就是有股迷人的魅力和友善的溫暖。他不適用於那種無時無刻都想成為關注焦點的執行長或創辦人形象，他在外頭反而像個超棒的宴會主人，充滿南方風情的好客氛圍，確保每個人手上都有食物、飲料和自在談話。我從他身上學到了不少事，知道要怎麼應對半社交的情境，我從未碰過半個老闆能這麼自然地照顧身邊的人。他有種慷慨的性格，無疑是非常真誠，這在大場面會出現，比如他以領導者的身分代表 WordPress 站在台上時；但在小場面也是，像是當你和他還有幾個人一起喝啤酒時，他獲得的一切成功並未改變他半分，我感覺他在年輕時候也是如此。

在面對面的會議中，他喜歡讓事情流動、有機發展，我不知道是這項特質影響了 WordPress 的文化，還是 WordPress 發展出的方式影響了他，也可能兩者皆是。我猜他學習薩克斯風的

那些年也頗為重要，因為他有種不尋常的耐心，可以放任事物遊走。同時，他也有點害羞，擁有一點點許多創意家和程式設計師在成名之後，也永遠不會失去的內向。我時常覺得正是這點害羞，解釋了他為什麼喜歡在透過科技進行人際互動的公司工作，科技過濾的互動帶來一定程度的控制感，這是種內向者常會喜歡的控制，這種科技過濾的關係成為他的生活中心，為他提供了多數人永遠無從想像的自由。

由於不管在哪都可以管理他的公司，他時常在世界各地飛來飛去，一年有超過兩百天他都沒待在舊金山，這個嚴格上稱為家的地方。和他在 Skype 上聊天時邊猜測他現在人在世界哪個角落、或是那邊是什麼時間，總是很有趣。這種自由同時也為他文藝復興人的好奇心靈提供了燃料，但也可能是顛倒過來，他有種伊比鳩魯式的渴望，想去體驗和理解生命中所有美好的事物，從求生課程到異國旅行。而他某部分的願景，同時也是某些員工追隨的願景，便是完全發揮在哪都能工作的優勢，真的到處工作，團隊出差到雅典這樣的地方會合，直接符合了這個願景。

麥特不怎麼擔心時間和架構，這使得要他在開會時遵守議程變得不太可能，這種習慣在執行長間頗為常見：他們一天花這麼多時間和競爭他們關注的人在一起，因此他們不太需要擔心行程，他們很大一部分的行程是由其他人的需求所決定。但麥特

不像大多數我認識的執行長，他擁有不常見的耐心，他不常滑手機或看 3C 產品，當他來到房間裡，就會全神貫注、慷慨提供他的注意力，他會傾聽。此外，他也是個時間和注意力管理大師，他追蹤及參與的電子郵件、P2、Skype 對話、部落格、產業活動數量令人嘆為觀止，同時他也是個熱衷的讀者。這一切告訴我，他擁有一個訓練有素又充滿彈性的心靈，而且知道要用什麼方式、在什麼時候、在什麼地方使用，他控制得很好，而他不怎麼去控制和形塑社交團隊的聚會，完全是出自他的選擇，我不知道他是怎麼處理其他團隊的，不過他很顯然是刻意讓我們自己決定的。

如果當史岱方諾斯帶我們到城裡度過愉快的一晚，還盡可能在他的國家好好招待我們時，你也曾是我們的一員的話，肯定猜不到麥特是我老闆，更別說是公司的創辦人了，我們看起來就像一群剛畢業幾年的大學好友出門度假。但麥特的挑戰在於，他的人格在上線時變得截然不同，在 Skype 和 IRC 上，大家和彼此交流的次要回饋都消失了，你只會知道他們打下的文字而已。他在線上的名聲因此是「簡潔有力」、「有時有點神祕」，而且對某些人來說頗為嚇人。在 WordPress 的世界中，他常自稱仁慈的獨裁者，要是你們擁有相同意見那就沒事，但如果你們意見相左，就可能相當痛苦。讓新進員工困惑的是，該怎麼把這兩個麥特聯想在一起？一個是他們在 WordCamp 遇到的，迷人又溫暖的麥特，另一個則是他們得到 P2 回覆，簡潔有力

又冰冷的麥特。隨著公司逐漸成長,需要麥特的時間越來越多,他參與決策的能力也開始下降,因此造成上述人們感受到的簡潔扼要。引進團隊的概念,用意便是要培養更多員工自主能力,降低對麥特的依賴,只不過我們在雅典聚會的那時候,團隊制度才剛開始實施幾個禮拜而已。

麥特離開雅典後,我們馬上開始進行 Highlander 專案,我們從許多我們知道必須包含在內的功能中縮小範圍,找出最簡單、最容易、價值最高,可以優先發布的專案,這類專案經常稱為最小可行性產品,簡稱 MVP。現在我們先把功能構想清單放到一旁,把同樣的設計思維套用到先前的發文流程上。

如果部落格主的發文經驗是按照下面的流程運作,

打草稿→編輯→發表→看看世界有什麼回應

那麼訪客的回覆經驗就會像是這樣,

閱讀文章→決定回覆→輸入回覆→按下送出→看見回應

要說服訪客決定回覆,最大的重擔落在部落格主身上,文章品質比較好的部落格主,更有可能獲得訪客的回覆,但任何我們能夠協助這個過程的事,都很值得去做。

所有回覆者要做的第一步，就是輸入聯絡資訊，這是 WordPress 需要的東西，我們的 MVP 便是透過讓訪客使用臉書或推特帳號來省略這些步驟，以簡化整個過程。我們會先處理臉書，因為臉書使用者比推特還多很多，系統設計的問題則是所有東西的順序和位置要怎樣安排才會最好。

系統設計最好是先在紙上做，這樣便宜又快速，而且很容易就能在任何人投入自尊之前，先嘗試許多構想。亞當斯和包負責架構建造，這是無論我們使用什麼設計都需要的，皮特林和我則負責設計本身。我們快速試過幾種設計，一種是回覆欄位在頂部，一種位在底部，第三種則是位在側邊。這些差異看似微小，但當有數百萬人每天都在使用某個設計時，百分之一或二的差異，對於有多少人回覆，影響非常重大。我們謹慎思考使用者透過不同設計，會怎麼走過這些過程，選出其中效果最好的那個，並一致認同身在 WordPress.com 的世界中，我們之後很容易就能再實驗其他設計。我替設計加入細節，皮特林則開始寫程式，同時，亞當斯和包各從一端開始開發，要把 WordPress.com 連結到臉書，並預期在中間相遇。我們在厄勒克特拉飯店的大廳搞得精疲力竭，如果你還記得，這就是本書開頭的場景。

這個設計表面上看似簡單，就是幾個按鈕而已，任何人都能打造出按鈕，挑戰在於按鈕背後的事。為了讓使用者在按下按鈕時，很容易就能完成任務，我們必須在許多不同的系統之間安全傳輸數據，包括部落格本身、臉書、WordPress.com 的伺服器。隨著我們討論所有細節該怎麼樣才能拼在一起、創造出優質的使用者體驗，也已累積了幾十個筆記重點、議題、問題，我們將這些東西整理成工作項目，並在 P2 上列了一張清單。

我們連續工作了三天，大多時候是因為生理需求才去休息，然後晚上到陽台酒吧去放空，待到凌晨兩點他們趕我們出去為止。我很有信心的感覺我們每晚花在 Mythos 啤酒和洋芋片的錢，應該比當天多數顧客加起來都還多。

史考特・勃肯 5:28 am on November 8, 2010　　　　∞　💬　✏　➕　WP.me

標籤：任務清單 (20)、聚會 (635)、fb 連結 (6)、臉書 (521)

FB 連結與回覆專案剩餘任務列表：

第一優先：
~~連結臉書~~ 包・李本斯
~~ajax 更新架構~~：全體
~~透過 cookie 自動保存回覆~~：mdawaffe
~~2010 年風格調整~~：A・皮特林
佈景主題測試
在 x-browser 上測試 cookie
瀏覽測試
~~遠距登入~~：mdawaffe
~~處理自動載入修正標籤~~：mdawaffe
如果多重登入，應優先使用 WP 標籤自動載入？
~~如何處理回覆串~~ r35717-wpcom
~~設計團隊的設計檢查~~：S・勃肯

第二優先：
將回覆文字修改為：「你覺得如何？」
添加設定選項，以自訂回覆文字
電子郵件自訂 css 通知他人
取消自訂 css 他人？
~~動態訪客 gravatar~~ 包・李本斯
~~登入訪客回覆~~ mdawaffe
在 P2 上表現如何？
和東尼確認要不要讓 fb 得到訪客的電郵地址 勃肯

我們在大廳的工作風格和我們彼此相距千里時沒什麼差別，我們全都會把 IRC 視窗開在背景，Skype 也放在一邊，我們會在 IRC 上彼此問問題和傳連結，以檢查錯誤或設計。有時候某個人會大聲展開對話，但我們多數時候對模式轉換都渾然不覺，很容易就能在數位和實體模式之間切換，某個人偶爾會把筆電螢幕轉向另一個人，給他看個東西，這比起傳 Skype 訊息等對方處理，還能更快得到回覆。大多數時候，你可以把我們傳送到地球上不同角落，而只要那個地方有無線網路，我們就能無縫繼續工作。包把他的音樂播放出來，我們全都跟著唱；當某個人完成某項任務時，就會在 P2 上劃掉，並挑選下一個任務；或是問我該做什麼或誰需要幫忙。Highlander 專案的大賭注提振了我們的士氣，這是第一次，我們並不只是在開發一個功能，而是屬於公司大型策略目標的一部分。

但即便我們團隊精神爆棚，某天煩人的大廳還是讓人再也受不了了，大廳比之前還吵，醜陋的沙發也不知道為何更不舒服了，我開始尋找替代的地點，但附近沒有可以租用的共同工作空間，我們只能困在飯店。我們被允許使用二樓會議室附近看似安靜的走道，但一個小時後，還是受到大廳持續傳來的噪音干擾：某個電影劇組，還有幾個人應該是時尚模特兒在大廳準備，我們得知他們在拍什麼《雅典第一主廚》之類的片，至少飯店職員的八卦是這樣傳的。彷彿這還不夠似的，很快就有一名女子，我們不確定她是飯店職員還是客人，經過我們的桌子，伴隨而

來的是我們這輩子聽過最大聲的手機鈴聲，而她好不容易終於走下走廊後，我們還是一直聽到鈴聲，一遍又一遍，音量大小剛好讓你不可能忽略，讓我們每次聽到都會開始爆笑。我們從世界各地大老遠跑來這裡，但卻發覺要是我們全都待在家，產能搞不好還會比較高，這實在很讓人受挫。

那天晚上我們跌到谷底，亞當斯的筆電開始出現問題，一直連不上飯店的無線網路，迫使他必須每十五分鐘就重新開機一次，時間剛好只夠他搞懂上次重開機前他做到哪裡。看著他的電腦把他的人生變得像電影《今天暫時停止》裡的場景，實在是慘不忍睹，更別說親身體驗。各式各樣的悲慘景況結合起來，讓我發覺我並沒有充分規劃這次聚會。在沒有引導的情況下，我犯下了各種菜鳥錯誤，針對未來的聚會，我一定會確保至少有一間可靠、安靜、電力充足的房間，無線網路訊號也要很好，這樣我們想什麼時候用都可以。我們集合的時光實在太過珍貴，絕不能允許這類瑣碎煩人的東西擋路，我同時也記下應該要念一下亞當斯，叫他回家後去買台新筆電。

而在所有的環境問題之外，我們還遇上了一個根本上的挑戰，專案有趣的部分結束了，從事某種全新重要工作的信心加乘也消退了，我們陷入經典的專案陷阱，那個讓結束比開始還要困難的陷阱。

專案會累積一堆被延後的煩人任務，但是爲了要發布產品，這堆東西還是必須清掉，那些做起來比較不有趣的事，通常也比較困難，這表示那堆東西並不是普通的工作，而是一堆沒人愛也沒人要的複雜工作：

一、我們會先做我們喜歡的事。
二、我們會最後做我們不喜歡的事。
三、我們不喜歡的事通常比較困難。
四、最後一刻的改變會帶來連鎖效應。

這表示在所有專案的終點，你會剩下一堆沒人想做，而且又最難完成的東西，或者也有可能更慘，是沒人確定該怎麼完成的東西。隨著終點線逐漸接近，進度似乎也會跟著慢了下來，這永遠都不令人意外，而且就算所有人都跟之前一樣努力工作也是。距離我們的聚會結束還有四十八小時，只能承認已經來不及在雅典發布 Highlander 專案的第一部份了，我們整組一起看過清單，把 P2 上的筆記都清掉，我希望一切都整整齊齊的，因爲我們不知道還要過多久才會回來完成。

我不知道我一語成讖。

CHAPTER 15

工作大未來

（二）

本書書名是來自社交團隊 P2 上的某個內部笑話，沒人確定這是怎麼開始的，但有關長褲的事就這麼出現在我們 P2 可更改的提醒上，沒什麼人注意到，因為提醒預設應該會說些有禮貌的話，比如「你在想什麼？」或「社交團隊能怎麼協助你呢？」所以提醒改變時，根本沒人注意到。但是有好幾個月提醒說的都是：「你知道你的長褲去哪了嗎？」

嗨，史考特，你知道你的長褲去哪了嗎？

標籤　　　　　　　　　　　　　　　　　　貼文

長褲，或說沒穿長褲，在我們的 P2 對話中時常出現，如同以下這則二〇一一年二月的對話中所述：

Mdawaffe 亞當斯）：尼古萊顯然還不知道我們團隊不愛穿長褲工作的嗜好
包：我以為這是要求欸？ P.S. S.：是時候買台新筆電囉
尼古萊：穿著長褲所有事都很無聊
Mdawaffe ：反反證法 穿長褲的恐龍才不無聊
尼古萊：數學術語贏啦！我認輸

許多人對 Automattic 的第一印象就是遠距工作，他們以為這是騙人的，因為這侵犯了我們假裝存在於工作和私人生活之間的那條界線，但這條線其實早在多年前，就因為筆電和行動裝置上的電子郵件而粉碎。如同我在先前的章節中提到，遠距工作以及許多 Automattic 現行的福利，成敗都是源於公司文化，而非福利本身，由於現在你已經知道我的團隊是怎麼運作的，我在本章將會探討分散式工作以及不使用電郵所帶來的挑戰。

我很確定以下兩件事，

· 自主性高的人在獲得獨立自主的機會時會表現出色
· 希望員工表現更好的管理者必須提供員工所需的支援

遠距工作算是某種信任，而信任是雙向的，Yahoo 執行長瑪麗莎‧梅爾最近禁止員工遠距工作，宣稱這會讓大家產能下降，她有可能是對的：在她的公司中，員工可能濫用了遠距工作賦予他們的信任。就像某些人可能會多拿影印室的免費文具，也有人會說謊請病假，公司提供的每項福利，都可能使工作表現更好，也有可能遭到濫用，但問題幾乎都不是來自福利本身。如果某個替你工作的人想要遠距工作，或是使用新的電子郵件工具或腦力激盪技巧，讓他們去試試沒什麼損失，如果表現持平甚至改善，那你就能得到好處；而如果表現變差，贏家還是你。因為你展示出樂意實驗的態度，並鼓勵他們持續尋找新的方法去提升表現，他們會成為盟友讓你很有面子，因為你就是樂意嘗試。如果有人提議把開會時間從六十分鐘改成三十分鐘，又有什麼好損失的呢？假如實驗失敗，你就結束實驗，然後改試下一個。

但即便嘴巴上這麼說，多數人還是害怕新的想法，不管他們有多受挫，他們本能上還是會捍衛舊秩序，我常聽見的一種陳腔濫調就是：「如果我讓某個人怎樣怎樣（請自行插入某件好事），那大家都會想效仿。」講得好像如果改變了任何事，組織的基礎就會不知怎地崩塌。現今所有歷史最悠久，規模也最大的公司，剛開始時也都很像 Automattic，擁有改變所需充滿野心的年輕人、宏大的想法、強力的起點，一開始就是這種野心和彈性才讓他們表現得夠好，能夠撐下來成為歷史悠久的公司。

如果你想要長久，那就不能只賭在傳統上，必須持續投資未來。

為了準備本書，我讀了許多遠距工作趨勢相關的研究，很多研究都指出採用遠距工作的趨勢正穩定成長中。《經濟學人》曾報導某個針對世界各地一萬一千名員工進行的調查，其中有將近百分之二十經常遠距工作，百分之七完全遠距工作。我也找到數十間架構和 Automattic 類似的公司，本來就是為分散式工作而設計，你當然不會在這份列表中找到汽車維修、餐飲業、動物園等產業，因為這類工作需要員工全程親自待在同一個地方，但是對於多數時間都花在網頁瀏覽器和電子郵件上的辦公室員工來說，嘗試新事物的大門永遠敞開。人氣協作工具 GitHub 的技術長湯姆・普雷斯頓・華納，便認為工作主要是在數位世界中進行的所有組織，都可以採用遠距工作。GitHub 和 Automattic 一樣，一直都是一間完全分散式的公司，因而對自治、賦權、信任等議題，自然而然演化出許多和 Automattic 相同的結論。

外人認為遠距工作代表在家工作，但這個說法其實非常不精確，背後真正的指示是員工想在哪裡工作，就在哪裡工作。你可以在你家的後陽台工作，或是在共同工作空間租一間辦公室，還是坐在無線網路訊號良好的二手吉普車裡面，同時在南美洲趴趴走……在所有情況下，都是由身為員工的你，自己找出怎麼做才會有最高的產能。當然，這點在所有地方都適用，但是管

理的架構較為寬鬆，藏壞習慣的地方也就變少了，對那些紀律很差的人來說，這樣的自由就跟其他所有自由一樣，可能會變成問題。

許多 Automattic 的新進員工都會花好幾個月適應這個改變，他們再也不能和以往一樣按照同事的情況規劃自己的行程，也不會有個老闆每小時提醒他們要搞定某項任務，而其中最重要的，則是咖啡時間、午餐閒聊、下班暢飲時光等社會結構消失，迫使員工如果需要的話，必須自行投注更多精力經營自己的社交生活。針對這些問題，我調整得很不錯，畢竟作家很會一個人工作。只是有一件事我永遠無法克服，那就是關於我在公司的「位置」，是我腦中徘徊不去的疑慮。在一般的工作空間中，你可以透過大家多常找你，察覺出你融入得如何，也能藉此觀察那些沒有你加入時的對話與互動。但是在線上，完全沒有辦法可以評估，你永遠看不見他們私下的的 Skype 對話。遠距工作需要積極社交，因而某些很有才華的人認為這類自由讓人無法承受，並且比較喜歡傳統辦公室提供的空間和時間架構。

我好奇 Automattician 們對這些問題有什麼想法，於是在 Updates P2 上做了個民調，問大家都在哪工作（公司也會為想要租辦公空間的人提供津貼），最後總共有九十人回覆，而結果相當明顯：

				總比例
我家或家裡的辦公室				60.4%
咖啡廳				17.82%
真正的辦公室				8.91%
飯店或飛機上				6.93%
共同工作空間				3.96%
其他				1.98%

全公司約有三分之一的員工有小孩，遠距工作幫助他們應對養育子女的日常挑戰，讓他們可以像大學生一樣，自由安排工作行程，以適應他們的生活，而不是持續在工作與家庭之間拉扯掙扎。

二〇一二年十月，我離開 Automattic 後，對我的部落格讀者做了個民調，問他們如果可以的話，有多少人願意遠距工作。在五百二十四則回應當中，有三百三十八人已經是在家工作，這並不令人意外，因為我的許多讀者都是在遠距工作頗為普遍的科技業。目前在傳統辦公室工作的人之中，有百分之六十四表示他們願意試試在家工作，也有少數已經試過的人，直言不諱地表示發現生活和工作沒有界線，讓他們產能下降。沒有任何工作環境是可以一體適用在所有人身上的，對有些人而言，嚴格的界線可以協助他們管理生活。

沒有電子郵件的人生

當我說 Automattic 不用電郵時，大家總會抬起一邊的眉毛，彷彿我說的是公司不相信氧氣存在，或是禁止使用字母 E 一樣。員工確實都有電子郵件帳號，只是真的很少用而已。即便在商業世界中，大家總不斷抱怨有一堆回不完的電子郵件，但對於找出替代方案卻非常悲觀。你一定會很驚訝發現，在進步人士和早期採用者之間，存在著某種安於現狀的守舊態度。如果你知道電子郵件有多老，電子郵件甚至比網際網路本身還老了超過十歲。所有工具在執行各種任務上，表現一定各有優劣，如果某項科技讓你覺得很不爽，那很可能是跟你周遭的人怎麼使用比較有關，而非科技本身。

我幫這種大家被電子郵件狂轟猛炸，為了保護自己而永遠不好好讀信的心理疾病取了個名字，就叫作「電郵瘋狂」，又稱「電郵症候群」。大家只會快速瀏覽過，還以更快的速度撰寫及寄出回覆，就像個蒙著眼睛的偏執醉漢，拿著裝滿子彈的 AK-47 步槍狂扣板機。他們不理解的是，如果他們寄出成堆的爛電郵，那麼肯定會收到成堆一樣爛的回信，特別是如果對方也患有和他們一樣的疾病。

法國哲學家暨數學家帕斯卡曾寫道：「如果我有更多時間，就會寫一封短一點的信。」假設他得應付現代人的狀況，那他肯定

會說：「如果我細心讀過收到的電郵，那麼我寄出的電郵將收到更少回覆。」可憐哪，我們的科技這麼進步，卻還沒有出現可以增進閱讀理解的發明。請務必記得文化會改變工具的價值！假如你的團隊彼此憎恨，不管他們使用的溝通科技是用幾十億美元開發的，他們還是會搞死彼此。相較之下，如果團隊成員彼此信任，並擁有相同目標，就算他們是用煙霧信號和飛鴿傳書溝通，也會很有效率，許多戰爭都是關係緊密的軍隊使用蠟燭和摩斯密碼打贏的。

科技確實會影響行為，但文化的影響才是最大的。一個很容易受到忽略的因素，便是多數 Automattician 的工作都頗為具體：寫程式、設計視窗、回覆票券，他們並不是活在中階管理者及顧問所處的抽象壓力煉獄中。沒什麼裝腔作勢，也沒有炫耀，知道怎麼開發東西的人不會擔心如何鞏固地盤，他們知道永遠都可以開發更多東西；時常是從事抽象工作的人，會將一間公司視為零和遊戲，他們必須捍衛自己的東西，以便存活或得到升職。Automattic 中多數的討論都是有關如何開發、設計、修復某個具體的東西，這種實用觀點改變了人們溝通的本質，沒有搶地盤、尋求關注、譁眾取寵，這些宰制了許多悲慘電郵回覆串的東西。

以下電子郵件的缺點很常受到忽略：

・電子郵件會為寄件者帶來權力

他們想塞什麼到你的信箱就塞什麼，要塞幾次也都可以，許多收件者會使用過濾器和寄件規則當成反制。

・電子郵件是個封閉的管道

如果你不在「收件者」清單中，就不可能看到特定的電郵，這迫使工作群組會犯下把所有人都加進去的錯誤，但只有少部分的電郵和某人有直接關聯。

・電子郵件會隨著時間腐朽

如果某個人寫了一封超讚電郵，員工就必須想辦法保存，不然這封電郵就會躺在信箱裡，新來的員工看不到，隨著時間經過，這項組織知識就會逐漸消亡。

而 P2 在設計上則扭轉了這些缺點：

・**由閱讀者，而非發文者，選擇要讀什麼。**
・**閱讀者可以自行選擇閱讀的頻率和形式。**
・**P2 是部落格形式，因而很容易瀏覽、很容易用 URL 引用、永遠對所有人開放、可供搜尋、也很容易放進各種閱讀工具中。**

Automattic 的其中一個祕密，就是電子郵件技術上屬於 P2 運作的一部分：為了用於通知。在 P2 的貼文中，你可以加一

行命令以通知某個你想要他們看到這篇文的人，比如說我可以在某篇貼文裡寫：「嘿 @ 皮特林，你可以跟我說一下你的意見嗎？」P2 便會自動在資料庫中搜尋 @ 皮特林是誰，並以電子郵件寄一則通知給他，對話仍是在 P2 上進行，但電郵可以讓發文者想要的人注意到。

我愛 P2，這讓我能夠控制如何接收我的團隊和全公司的大小事，但我確實也看見其中的缺點，二〇一一年七月，我觀察到濫用 P2 的症狀，因而寫了一篇長文〈P2 的限制〉，文章中讚美了這個工具，但也指出了因為我們超級愛用而陷入的壞習慣。有趣的是，如果你把文章標題改成〈電子郵件的限制〉，那也完全適用。

一、某些對話需要即時進行 腦力激盪和員工訓練需要高度互動，但部落格設計的構想是延遲，如果你正在探索某個想法或進行除錯，想要最棒的溝通，那就使用即時的 IRC 或 Skype。

二、聲音的資訊量更多　我們是個文字中心的文化，但聲音的資訊量更多，有各種你無法從文字得到的資訊，包括幽默、態度、語氣等，有疑慮的時候，就改用聲音，一個二十則回覆的 P2 對話串，有時可以用一通三分鐘的 Skype 電話取代，效率萬歲！

三、某些對話的人數需要少一點　P2 對所有人開放，但某些對話串最後只會有兩個人來來回回而已，他們應該去開間房間，電子郵件、Skype、旅館都好，他們可以達成共識之後再回報。其他時候則是儘管有十個人在討論，但只有三個人真正要做事，所以並不是所有人的意見都同樣重要。

四、更多對話需要視覺輔助　我通常不想在沒有螢幕截圖的情況下討論某個使用者介面的功能：一張粗略草圖解釋的東西就能超過五段文字，比如某些構想用文字表達，效果就比用圖像表達還差。所有系統設計師在回覆 P2 對話串時，都應該使用視覺輔助，像是「你的意思是這樣嗎？（附上草圖）」這可以改善所有對話的品質，能夠真正看見，而不只是讀到而已。

五、對話串劫機　就是當你精心發了一篇文，結果下面的一條回覆問了一個離題的問題，大家卻發現那個問題更有趣，如果你的對話串被劫機了，那就再開一串，不要覺得這代表你想追求的東西不值得追求。

六、注意力不足會殺死大構想 大構想在回覆之前，需要更多思考，比如 A 貼文是針對小東西的好主意，B 貼文則是針對大事物的瘋狂主意，那 A 貼文通常會有更多回覆，回覆「讚哦！」或「+1」總是比較容易；B 貼文則需要投注更多心力才能回覆，所以不會有太多回覆。而這會造成誤導，好像 A 想法比 B 想法還好，但其實只是代表 A 想法的觀點比較小型而已。

七、他們到底讀了多少？ 如果某個人突然亂入一串對話，根本不可能知道他們先前讀了多少，他們是只讀了前一則回覆而已嗎？還是讀了一整串但是不了解？很難從一則回覆直接判斷他們是不是擁有正確的脈絡，我沒有解決方法，有人有什麼想法嗎？

八、沉默代表默許嗎？ 如果你發文沒人回覆，是代表他們都讀過了，然後同意嗎？還是讀過了但不在乎？還是根本沒讀？除非直接問人，不然根本不可能知道，所以組長們應該要確保 P2 上的所有貼文都有人回應。

這篇貼文引起熱烈討論，有超過二十則回覆，好笑的是，這些壞習慣有幾個也出現在對話串裡，許多回覆都建議 P2 可以加入一些功能，以降低這些事發生的頻率，這同時充滿啟發卻也莫名其妙。工程師文化總是會透過功能濾鏡去看事物，忘記世界上還有些重要的東西，是只要人們（在這個例子中是 P2 使用者）記在心裡就可以了，而不是弄個功能就可以解決某些事。

在所有人之中，貝瑞的回覆是我的訊息有受到認真傾聽的最佳例證：

我覺得 P2 用來記錄東西很棒，要徵求針對某個東西的意見也還可以，但真的要「討論」就很糟糕了。如果我想和某個人或一群人討論某件事，我會直接用 IRC 密他們，Skype 或打電話等方式用來討論也可以，我不需要在 P2 上自己和自己討論。

不像貝瑞，我確實蠻喜歡用 P2 討論，但得視情況而定。通常事情進展得還不錯的時候，某個提出大問題的人，可能會把你的發文帶往截然不同的方向。在幾次令人受挫的討論中，公司的某個程式設計師伊凡·所羅門會第一個留言，問一些大問題，這些問題是好問題沒錯，但是對我的目的來說，時機非常糟糕，這些問題會把對話串帶到一個截然不同、而且對我來說沒用的方向。如果大家在回覆裡看到的第一個東西，是兩個人對某個你不太在乎的細節進行冗長的討論，那麼他們很容易就會跳過這串對話，電子郵件也有同樣的缺點。而貝瑞推薦使用其他溝通媒介，並按照不同理由使用，完完全全就是我想對所有人傳遞的訊息，這同時也提醒了我自己。

P2 也為麥特帶來特別的挑戰，對所有創辦人來說，公司成長過程中的痛苦，有一部分便是來自從可以插手許多細部決策，轉換到允許各個團隊按照自己的專業，決定自己負責的事務。隨

著公司規模的成長，P2 也成爲天然的戰場，不管有多文明，大家都會互相爭奪權力，還有麥特對細節的參與程度想要多高，甚至是在政治上，也有不少問題：團隊組長究竟擁有多少權力？團隊組長如果和麥特意見衝突該怎麼解決？如果彼此衝突呢？這對所有人來說都是全新的體驗，但是不像坐在會議上，你可以被動觀察其他人怎麼解決這樣的情況，無論結果是好是壞。P2 反而讓人有很多想像空間，你必須精心從字裡行間推敲，找出正在發生的事情背後的政治意義，或是試著把 Skype 當成你的祕密管道，釐清到底發生什麼事。

其中一個例子就是後來稱爲「麥特轟炸」的東西，這指的是當某個團隊正在 P2 上討論某個東西，朝同一個方向前進，卻在緊接而來的對話串中，通常是在已經達成粗淺共識的時刻，麥特會突然插進來，留言表示贊成另一個方向，然後再次消失（雖然不一定是故意的啦）。這類貼文有時候頗令人費解，有兩個原因，第一，不清楚他只是提個可以考慮的意見，還是在下令，而且即便這是命令，也不清楚命令到底是什麼；其他時候則是不清楚他究竟讀了多少對話串，或是他反對的依據何在。麥特很聰明沒錯，但還是很難相信他對該對話串的方方面面，和那些負責該專案的人有同樣深入的理解。

我的工作風格也受 Automattic 的標準影響，我總是要求我的老闆們解釋我不懂的東西，我想要他們教我，而不是命令我。

如果我能得到收穫，那我不介意對方證明我錯了或是贏過我，且我也不太能單純聽命行事，這讓我如果替你工作，那要不是大好，就是大壞，視你多常解釋自己的想法而定，如同麥特在我們偶爾的長談中發現的。有一次我們在 Skype 上講了四小時，討論某個視窗到底要怎麼設計，而我們後來都同意，這次的討論本來用一通簡短的語音通話就能搞定，沒錯，我們用打字討論了四小時。

反制麥特轟炸的方法則是「管理上級」，身為社交團隊的組長，我的職責就是讓團隊盡量不要和麥特公開對著幹。我的工作是預測麥特、以及其他人潛在的地雷，並積極拆彈，而不是試著在我們的 P2 上滅火。這同時也表示，當麥特加入某個對話串，搞得大家團團轉時，我的工作就是要理出頭緒，看是直接請麥特講清楚，或是以團隊的形式回應。管理上級對組織領導力來說非常重要，卻是 Automattic 中很少人擁有的經驗。

每個 P2 上的尷尬討論，常常都會在私下的 Skype 聊天中解決。麥特便為公開讚美、私下糾正，立下了良好的榜樣，不過很少會有人再回報到 P2 對話串裡，這使得許多 P2 對話串都是以麥特不祥又隱晦的最後回覆作結。對許多員工來說，他的回覆都很嚇人，這就像和朋友在政治部落格上討論，接著美國總統突然亂入回覆，你該說什麼才好呢？多數人都會禮貌性撤退，在線上很難知道你是不是嚇到別人了，因為沉默可以代表很多事，

現實生活中如果你傷到別人的感受，你可以在對方的眼中看到，並在心裡感覺到。公司的所有員工，包括麥特、史奈德和我在內，在某些情況下，都失去了我們對權力低於我們的人所擁有的同理心。

如果說是分散式工作讓這一切變得更糟，那還比較簡單，但我不確定到底是不是。多數公司的政治生態都很難懂，像是誰受到准許可以和誰意見不合，以及他們受到准許的原因，然而，在傳統的工作空間中，所有人都有機會能夠觀察他們的老闆怎麼應對不同的情況，以及其他領導者是怎麼去挑戰和說服老闆的。在一般的辦公室中，你可能會看見某個同事對副總提出很棒的建議，並恐懼地看著他被轟出辦公室，或是你也可能會看見絕妙的說服上演，改變了副總的心意，鼓勵你下次也如法炮製。但如果這些困難的對話都藏在 Skype 裡，就沒什麼人可以看到並從中學習了。

我在 Automattic 工作的期間，從來沒有人吼過我，也從來沒有參與過半場讓我生氣或想奪門而出的會議。工作空間中最糟糕的那些時刻就是不存在於此，你無法對著某個打字給你的人生氣到極點，大家都很有禮貌，禮貌到幾乎讓人痛苦的程度；但是工作空間中最棒的那些事，比如在白板前努力了好幾個小時後，互相分享終於得來的頓悟，也同樣消失了。遠距工作讓所有事都緩和了下來，扔掉了高潮和低潮的張力，而這有可能

會讓事情變得更棒或更糟，視你先前的經驗而定。

我確實和我的團隊產生情感上的連結，就像我每天都和他們在同一棟建築物裡一起上班一樣，不過這個連結是透過我們聚會的張力所供應。我很少覺得我們的工作很痛苦，因為我們是遠距工作，但有時候確實會想，如果我們更常待在同一個地方，那我們工作的情況一定會更好。

許多 Automattician，包括麥特在內，都認為這種分散式工作是最好的安排，我不怎麼同意。大家想要怎麼工作、想從中得到什麼，都會牽涉到個人喜好。像是對我來說，任何重要的關係，我都想要盡量實際待在那個人身邊，如果我創了個搖滾樂團或開了間公司，我會想要常常和對方處在一塊，這樣利大於弊。然而，如果我想要一起工作的人只能遠距，即便相隔千里，我還是很有信心我們能把工作做得很好。

CHAPTER 16

創新和摩擦力

Nissan 的前設計總監傑瑞・賀許堡有一個他稱為「創意摩擦」的工作理論，他認為有正確的摩擦力才能讓好工作發生，不能太多，也不能太少。而很少管理者能夠搞清楚何謂正確，更糟的是，他們因為從未體驗過健康的創意工作空間，也不知道要朝什麼目標努力。知道需要多少摩擦力、以及何時應用，是成功領袖的技能，從擁有競爭力的籃球隊教練，到管弦樂團的指揮，都必須要相當熟練。

管理者做的很多事，都會造成不必要也沒有用的摩擦力，像是堅持過度精細的計畫，或是時長過久又壓力過大的專案檢討會議。在稱為管理的無聊機制中，有許多事物比起提高工作品質，反而是為了維護管理者的自尊。當然，如果你是在設計及製造一艘核動力潛艦，那麼比起幫朋友的搖滾樂團架個網站，當然需要更嚴謹的專案管理，只是很少人會根據專案的需求，去校正他們造成的摩擦力。測試所有管理活動是否具有價值的唯一

方式，就是拿掉其中一些，讓專案運作看看，並觀察沒有這些影響大家會表現得如何。但這是很少領導者有勇氣進行的測試，管理者之間的擔憂，便是這個測試將顯示管理活動較少時品質反而會上升。結果有可能是由某個主管負責帶領、每週工時總要八十小時的部門，最終只需要一個懂得如何聘人的管理者、放置一些健康的摩擦力，然後閃邊去就好。

實驗室和創新團隊則位在光譜的另一端：太少摩擦力了。就像空氣曲棍球台的圓盤，漫無目的四處彈來彈去。想法也會需要支撐的地方，比如用球桿或是牆壁作為槓桿，一定要有某個人用令人不喜歡的方式去挑戰那些想法，這樣才能讓他們看見自己思考中的盲點，突破就在那些盲點中等待。而那些批評只要力道正確，就能把大家推向更好的成果，這個必要的摩擦力可以是來自同事或老闆，但就是需要來自某個地方。即便是草草檢視披頭四、Xerox PARC、或是美國憲法起草，背後的合力者和反對者是如何獲得成功，都能看出摩擦力和自由之間的平衡。暴君大力干預創意，卻還能走得很遠，這大都只有在電影裡才會發生。

Automattic 的美妙之處，在於其內建的摩擦力有多小，或者更準確來說，是東尼・史奈德和麥特刻意避免了許多負面的摩擦力。多數創新人士面對的終極摩擦力，也就是會議時程和死線的重擔，在這裡極為罕見，沒有針對工程評估和原型方法的

訓練，少數規定如撰寫發布公告和兩週的循環，也沒有強制執行。到了我入職六個月後的二〇一一年初，已經沒幾個團隊按照循環工作了，團隊回歸從前的臨時規劃。沒有討論太多上次的轉變究竟是進步還是退步，Automattic 的可取之處便是熱情，他們自然而然會從世界、WordPress、彼此身上找到啟發。而對於那些不管怎樣都會選擇在私人時間工作的人來說，開放的休假政策也不會有什麼負面影響，當然公司有些人的產能沒那麼高，每個人的 P2 貼文和程式碼記錄都是公開的，這讓好奇的人很容易就能找到誰偷懶。但這些人畢竟是少數，而且和其他許多工作空間不一樣，大家仍然友好的共事，效率不佳的 Automattic 員工所帶來的負面影響，比我在其他公司看過的都還低。

Automattic 低摩擦力的其中一個例子，便是我們在雅典時決定把處理回覆的 Highlander 專案先丟到一旁，整個決定只花了幾分鐘而已，我前一天便告訴團隊我們有需要先切換的可能，而死線到來時，我們就切換了。不用寄任何電子郵件，不用諮詢任何利害關係人，也不需要更新什麼主要行程表或是打電話安排會議，我們就只是在 P2 上發文宣布這項調整，把 Highlander 專案還沒做完的事列出來，然後繼續向前。二十分鐘後，我們就努力投入新的專案，在 P2 上分配任務，彷彿我們已經一起以團隊的形式進行這種切換好幾年了。

和社交團隊相比，我在微軟合作的團隊可說是規模巨大，當然，就算是一個一千人的團隊也是由許多工作類似的小團隊組成，差別在於各團隊從大專案那邊承襲了多少摩擦力。IE 4.0 的團隊在一九九八年的巔峰時期大概有兩百五十個人，而其構成仰賴於擁有數千人的 Windows 團隊，或者可說是該團隊的附屬，在這些大型專案中，想要跟社交團隊在雅典時那樣切換專案，意謂著會有各種電子郵件、電話、會議，還經常會伴隨著有理由生氣的人們，他們為了那些沒有發生的改變，已經投注了好幾個禮拜的心血。這就是使用行程表、制定行銷計畫以及主管將聲譽綁定在專案上所造成的後果，使得所有這些改變帶來的壓力無可避免。要讓這種航空母艦規模的專案保持完好無損，這些惱人的事可說是值得的代價，賭的就是專案發布後，在和競爭對手的長期大戰中可以實現其規模及延續性。在我這段持續部署的日子中，還談宏偉的策略似乎很奇怪，但對許多登上《財星》五百強的公司來說，這仍然是他們規劃工作的方式。

麥特和史奈德從不過度擔心競爭對手，他們會關注，但就跟公司大多數人一樣，也很少會對我們的計畫造成直接影響。有關其他部落格程式的筆記時常會出現在 P2 對話串中，但討論很少會繼續深入或觸發什麼改變。當輕量化的部落格工具 Tumblr 在二〇一〇年成為媒體寵兒，所有分析師都將其成長數據視為對 WordPress 的威脅時，Automattic 也沒有做出什麼改變。時常會看見 P2 貼文轉貼趨勢文章，宣稱部落格已死，還有其

他指出臉書、推特、Tumblr 崛起，將終結部落格時代的文章，但這些文章卻鮮少提及 WordPress 仍持續成長，以及這類服務也經常和部落格所提供的深度內容連結。

微軟在這類時刻常用的一個招數，便是派某個人去評估及報告所謂的「Tumblr 威脅」，公司會要這些人花一個禮拜使用競爭對手的產品、閱讀評論、和用戶聊天、寫一篇「Tumblr 和 WordPres 哪邊做得好和做不好」的分析。即便微軟文化因其對世界的零和觀點頗為偏執，這類報告還是相當聰明，強迫員工去使用競爭對手的產品、和用戶對話也是，我在想究竟要發生什麼事才會在 Automattic 引起類似的關注。開源文化自然而然會把世界視為正和，所有人都有空間，不過同時擁有用兩種方式看待世界的能力，才是最棒的。比起純粹只抱怨，我們在未來的某次聚會中就親自實驗，讓社交團隊連續使用 Tumblr 一個禮拜。

Automattic 也沒有投資在行銷上，尤其是傳統形式的行銷。要進行大規模行銷就需要時程表，因為電視和雜誌廣告的購買需要提前幾週或幾個月，世界上許多重要產品發布的最終行程，都是由行銷部門決定，而非產品開發部門。產品延後發布，多點成本沒關係，但重新調整行銷計畫的高昂成本，時常提供了最後的摩擦力，迫使產品必須發布，及時完成以趕上耶誕假期，這便是影響產品發布時機惡名昭彰的扳機之一。

持續部署使得上述優缺點無關緊要，WordPress.com 會持續添加新功能，每一次發布都會創造另一波關注的潮流，而且很大一部分都是由用戶，也就是我們最棒的支持者產生。

比起傳統行銷，WordPress.com 借助的是 WordPress 蓬勃發展的社群本身的力量。這招頗為聰明，自然行銷，也就是顧客會自己驕傲地宣傳產品，是個睿智的策略，如同所有行銷人員都知道的：這比行銷人員能做的任何事都還要有效。Automattic 持續投資在 WordPress 上，從資助 WordCamps，到協助組織 WordPress 社群，但把這些努力稱為行銷就太假掰了，因為就像麥特一直在做的，這些投資是為了 WordPress 長期的活力，幫 WordPress.com 行銷只是附帶的作用而已。公司裡只有少數幾個團隊，包括 VIP、Polldaddy、Akismet、VaultPress 有在自行進行銷售及行銷，VIP 團隊是最努力的，因為要去接觸想要用 WordPress 當主機的大公司，並賣給他們高檔服務，但就算是 VIP 團隊也沒有做什麼傳統行銷，因為他們的目標客群是非常特定的。

綜合以上，Automattic 和摩擦力的關係相當獨特，

- **沒有正式行程表**
- **很少競爭壓力**
- **沒有行銷人員的影響**

·最低程度的階層制度與扁平的組織架構

多數人工作的地方，都因為這些來源擁有高度摩擦力，同時也很難想像在沒有摩擦力的情況下該怎麼工作，也有一些職位本身，比如專案管理，是依賴應用摩擦力和驅策行程表維生。而隨著 Highlander 和 Jetpack 的工作越來越吃緊，我也必須找方法將摩擦力引進到一個從未體驗過的文化之中。

CHAPTER 17

IntenseDebate

我們離開雅典前,想辦法發布了一個小功能,這讓我們最後可以來頓慶祝晚餐。某個東西發布時,可以一起待在同一個空間中,實在令人相當興奮,每個人都同時既激動又擔心,每秒都在倒數歡樂時刻的到來,接著則是嚴肅地確認沒有搞砸任何事,然後是更多歡呼。這趟聚會就是由一連串的極端情況組成,一開始的所有談話和夢想,最後的所有工作和細節,但這是我們有過最棒的經驗之一。

聚會結束後，團隊花了好幾天才重新在線上集合，接下來的四十八小時，在旅行、時差、重拾我們拋下的家庭生活大小事之間度過，沒有發生什麼事，這成了某種沒有明說的共識：如果我們在週一離開聚會，一直到週三下午之前都不會再工作。

離開雅典後的某一天，皮特林自作主張更新了我們的 P2 佈景主題，其他團隊都改善了他們的 P2，我們則遠遠落後。他在網站首圖上放了一張社交團隊的照片，還加上一個額外功能，你只要把游標移過去，照片就會自動更換。這是個簡單的 JavaScript 小把戲，但當時 P2 的功能也都還很陽春，自訂我們虛擬的家，讓我們可以在線上炫耀我們之間的連結，並迫使其他團隊用同樣的方式回應。

離開雅典時，我們的計畫是要專注在統一回覆功能的 Highlander 專案上。後來也都同意投入兩週在提高專案 IntenseDebate 的可靠性上，但兩個禮拜飛逝，我所能展示的成果，就只有一份解釋我們爲什麼進展如此緩慢的報告。只有包熟悉 IntenseDebate，但就連他也是在做不熟悉的部分，亞當斯和皮特林的進展也很有限，每個人的意見都一樣：「我們都很沮喪，進展雖然緩慢卻穩定，情況很快就會好轉了。」沒有警鈴，也沒有路障，這樣到底是好是壞？

這是個經典的管理困境，你可以做什麼？只有爲數不多的幾個

選項：

一、**自己去看**　如果我是一名更有能力的程式設計師，那我就可以自己跳下去做，我可能會發現他們看不見的事，但這是場豪賭，他們很可能會覺得是我缺乏信任。

二、**請另一名程式設計師去看**　委託別人的代價會跟選項一相同。

三、**做出改變**　把專案變得更簡單可能幫得上忙，我可以讓目標更清楚、問更好的問題、精簡整個情況。我問亞當斯他有沒有看出什麼辦法，但他沒有，最小也最有用的目標就是我們已擁有的那個。

四、**終止專案**　放棄然後繼續前進。

五、**繼續埋頭苦幹**　假設一切都沒事，我們只是需要更多時間而已。

我選了選項五，我們又做了一個禮拜，我也更加關注每個人，從 IRC 移到 Skype 上，等於在辦公室路過閒聊一下，我也開始思索管理者的終極問題，

· 我是否已知道所有我必須知道的事呢？

· 他們是否足夠信任我，願意告訴我他們覺得我不想聽的事？

只有一個方法可以找到答案，每隔幾天我就會委婉打探進度如何、下一步是什麼、他們是不是卡住了、還有我能怎麼幫忙，雖然這些閒聊沒有透露太多細節，但仍然能讓他們明白我腦中所想，同時也向每個人開了一個 Skype 私聊的管道，我以前從來不會這麼做的。我和亞當斯的談話後來證明是最有用的，他在回覆中似乎擁有最寬闊的觀點，但就連他也看不出有什麼速效解方，並且也不期待會有速效解方的出現。在一間由漸進主義宰制的公司中，這個專案以不熟悉的方式挑戰了我的團隊。我們下了一個大賭注，很難將其分解成小部分。

這個挑戰的術語叫作「重構」，就是個酷炫的說法，表示你要取出某個東西的內部，一次一部分，一邊重新做好、又不能干擾剩下的部分。我不喜歡這個字，因為很多用這個字的人，都會把用字和現實混淆：只是有個酷炫的字可以形容某個東西，並不會讓你變得更聰明，反而會讓你變得更蠢，因為你把精確的用字和精確的技能搞混了。這些解決技巧的問題在於，所有技巧都是抽象的，一如所有商管領域的方法論。但世界並不是抽象的，真正的工作包含沒有任何方法能助你完成的困難部分，也沒有方法能捕捉到要如何、在哪個時機點拋棄或調整該方法，只有一個團隊及其領導者可以達成這點。而一個團隊要成功達

到這點，他們就必須信任彼此。有太多時候，方法論其實是要為團隊帶來權力，但團隊反而受其桎梏，這是《敏捷軟體開發宣言》中提到的觀點，該宣言是一系列軟體開發的簡易原則。

方法論常常是管理者強加的另一種糟糕摩擦力，他們對一系列的規則更有信心，而非他們自己聘用的人。我不管怎麼樣都會選一個方法差的好團隊，而不是一個擁有好方法的爛團隊。

隨著我們逐漸度過十二月，IntenseDebate 卻還是沒有太多進展，我又從帽子裡拿出了另一個把戲：增強動機。我們對 Highlander 和 Jetpack 都很興奮，開始決定這些專案，可能會激勵我們努力撐過 IntenseDebate 的工作。我往南飛到舊金山和包跟亞當斯會合，這是次實驗性的迷你團隊聚會。一些面對面的時間，能夠讓我們的情況好轉嗎？還是一樣沒有效呢？只有一個方法可以找到答案。

包在 Automattic 總部幫我們開門，我們完全獨佔整個地方，他們說辦公室某處有個白板，但我們花了半小時才找到在哪，表示這辦公室根本沒人使用。我們找到白板後，發現沒有白板筆，於是又繼續尋找，翻遍了吧檯後方的架子，據說基本的辦公室用品就放在那裡，結果找到了一隻藍色白板筆，但沒有板擦。Automattic 有很棒的遠距工作工具，但是面對面在總部工作，感覺就像被困在一座荒島上。雖然這讓我們笑死，但這

總是會有幫助，我們終於可以開始工作。

皮特林人在愛爾蘭，我們用 IRC 把他加進來，爲了要展開這場會議，我們又開起了另一個團隊玩笑：最晚抵達會議的人要負責處理所有沒人想做的工作，由於皮特林沒有要來，嚴格上來說他就是永遠遲到了。我們的第一個工作，就是把 Jetpack 列成單一工作項目，然後把他的名字寫在旁邊，我們同時也發在 P2 上讓他看。

再次釐清是開始專案的關鍵，我想出三件我們必須要做的事，

一、一張工作地圖，約略以兩週爲單位劃分區塊。
二、處理這些區塊的合理順序。
三、Highlander 一張，Jetpack 一張，並標出共通的事項。

我不是個程式設計師這個事實，讓整件事更有效率。工作地圖的製作主要會由包和亞當斯負責，而不是身為組長的我，我可以自由扮演發問的角色，蠢問題和深入的問題都可以。這兩種問題都會迫使他們必須解釋前提，並揭露隱藏的挑戰。幾個小時內，我們就描繪出了一年份或是更久的工作時程，好讓 Highlander 跟 Jetpack 問世。我們把計畫發在 P2 上，邀請公司其他人來發表意見，我們終於有個東西展示，讓大家可以評論這個存在已久的太監軟體。計劃並不是程式碼，這是當然的，但仍然是向前邁出了一大步。

CHAPTER 18

跟著太陽走

你知道要把一個團隊分配到地球各個角落，最糟的方式是什麼嗎？我們找到了。二〇一〇年十二月底，包搬回澳洲珀斯，社交團隊也成了全公司最分散的團隊。雖然我們人很少，每個人的時差卻和彼此相差八小時，亞當斯和我過的是太平洋標準時間、皮特林的是加八小時，包現在則是加十六小時。我愚蠢地試圖使用會議日曆想知道我們有什麼開會時間選項，並一次又一次輸入不同選項，我原本以為是工具出了什麼問題，因為每一次我只要試一個新組合，就會有人必須要在凌晨兩點起床。最後我終於驚覺，我的團隊撞上了地球這顆星球上天然的時空限制，如果我們要同時溝通，就有人注定會超級悲慘。包有禮地自願當那個人，計畫是當我和亞當斯在平常的早上十點上線時，皮特林會在愛爾蘭的晚上六點加入，他已經在這個時區過了好幾個禮拜，而包則是必須先去睡覺，然後在凌晨兩點起床加入。

每個禮拜我們開會前的部分娛樂，就是開玩笑看包到底會不會出現，還有他會有多不爽：

09:58　包・李本斯：我的天，我醒來了

09:59　A・皮特林：哇噢

10:00　勃肯：你比亞當斯還早到

10:01　A・皮特林：你真的有去睡嗎？

10:01　（mdawaffe 已加入＃社交頻道）

10:02　勃肯：社交團隊百獸王（Voltron）現在到齊啦

10:02　勃肯：雖然我覺得百獸王有五個人啦

10:02　mdawaffe：社交獅，上啊！

10:02　包・李本斯：我有去睡，然後又醒來

10:03　包・李本斯：現在我們已經涵蓋世界各個角落了

10:03　A・皮特林：我們應該改名叫橫跨全球團隊才對

在幾週內，這個近乎科幻小說的時區間隔程度，就拖垮了團隊的士氣，不管你用的是什麼科技，當半數團隊成員正要起床，另一半則是要去睡覺時，事情感覺會超級奇怪，至少一開始是這樣。

如果我對包搬回家的事更妥善的規劃，我們就會更改工作分配。多年前我有一組程式設計師團隊在印度開發 IE，在所謂的「跟著太陽走」策略中，他們輪的是夜班，而我在雷蒙的團隊則是

輪值日班，假如我有妥善的規劃，我們就會發現這個魔法：被某片遺漏的關鍵拼圖搞到心煩意亂上床睡覺後，隔天醒來就會在我們的信箱裡找到，就像有個來自未來的朋友。當然，世界各地工廠裡的工人已經輪班輪了好幾世紀了，所以這個主意並不是說多新穎，但是 IntenseDebate 的工作並不是以能如此順利工作來規劃。我們開始規劃時是按照最簡單、而且以後見之明來看也是最懶惰的系統，將整個工作分成每個程式設計師可以獨立進行的部分。身為一個年輕的團隊，這是個錯誤，而且是我犯下的錯誤。我當時以為這專案只是個為期兩週的維護任務，並沒有看見所有人各自為政的缺點，但是到了二〇一一年初時，我們已經在上面花了將近兩個月了，結果我還是沒有想到要重新分配工作。

十二月將成為社交團隊史上產能最低的月份，IntenseDebate 的工作舉步維艱，重覆著進展少、低刺激、學習緩慢、承諾情況會變好的相同循環。每個禮拜我都會重新考慮上一章列出的沉沒成本選項，沉沒成本的原則便是，永遠不要讓過去驅策未來，但我也沒有試著搶救過去這幾個禮拜的努力，而是獨立看待每個禮拜，衡量我眼前的選項，繼續投入。每個禮拜我都會和所有人一對一談話，想看看有沒有什麼新的見解，並尋找我身為組長能協助情況好轉的線索。我也會在其中摻進一些只要花一到兩天的小型專案，讓他們有東西可以發布，並稍作休息。這些點心專案讓我們的團隊免於無產出，提振了我們的士

氣，我們錯誤修復的工作量也都很穩定，但還是沒有任何東西可以把我們拉出失意的泥沼。不知不覺，冬季假期幾乎就快到了，我們還是卡在同一個專案上。現在回頭去想，我並不會把團隊如此分散，當成我們產能不佳的原因，原因其實是分工問題以及面對 IntenseDebate 低迷的士氣。當我們的團隊變得更分散時，我是可以選擇切換到一個更簡單的專案，讓他們全都一起工作的，這是在學習新東西時的好選擇，但我們已經把 Highlander 專案放到一旁了，我不想把 IntenseDebate 的工作也放到架子上，那就會高掛著兩個重要的封存專案。我反而繼續下注在耐心上，並希望其中一個團隊成員可以有所突破。

亞當斯是第一個為 IntenseDebate 發布重要功能的人，他重新開發了一個同步引擎，可以處理 IntenseDebate 運作中最脆弱的部分。大家都很開心，尤其是我，終於看到一線曙光了。出現第一步以及第一個無可反駁的進展，通常是最難的，只要腰帶上掛上一勝，就能明確提醒所有人獲勝的可能。程式設計師的天性就是競爭，每個團隊都需要有人來設立步調，不斷展示可以達成什麼樣的成果，在那第一個秋天和冬天，領頭羊是亞當斯。在一個士氣良好的團隊中，看到隊友發布東西很讓人振奮，這個啟發將帶來新的努力和想法。當然，亞當斯的發布狠狠搖晃了整棵程式樹，新的錯誤開始掉下來，但我們快速修好錯誤，隨著錯誤數量減少，這些很顯然就是進步的後果，而非退步的象徵。

這便是重新打造某個東西，常常會讓人害怕的隱藏代價，即就算是完美的改進，都會揭露被舊錯誤遮蔽的老問題，就像在一扇老舊骯髒的窗戶上清出第一個乾淨的區塊，你這進步的第一抹，會讓你看見很早以前就應該注意到的東西。

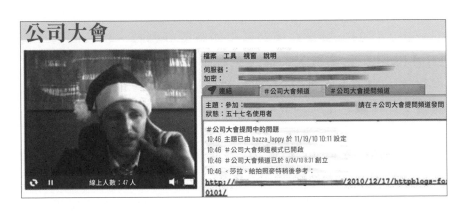

和世界上大多數其他公司一樣，Automattic 全公司上下的事務都因為假期慢了下來，麥特也以自己的方式慶祝節日，在十二月底的公司大會上，他戴了頂聖誕帽，還打開了會加到 WordPress.com 某些頁面的雪花特效，這又是另一個公司的個性透過產品展現的線索。即便有數百萬個部落格和所有WordPress 的成功，麥特確保我們及我們的用戶不會忘記，愚蠢和人性依然存在，這些努力頗老套沒錯，但仍擁有難以評估的正面效益。提醒我們要有幽默感，給了我們空間，可以嘗試那些改善 WordPress.com 的想法，要是我們身處一間害怕在

大眾面前展現人性，而是想表現得像機器一樣的公司，那就永遠不可能追求這件事了。

CHAPTER 19

Jetpack 起飛

二〇一一年初，我和麥特討論要在世界上最大的媒體活動之一 SXSW 大會發布 Jetpack。Automattic 很少做產品發布，但我頗為熟悉，也知道要怎樣才能做好，SXSW 大會在三月舉行，我們覺得時機剛剛好，我最大的擔憂並不是時程，而是 Automattic 的文化和公開硬性死線之間的衝突。我們經過團隊討論，決定努力在二〇一一年三月十三號開始的 SXSW 大會之前，及時完成 Jetpack 發布。

我很興奮，這讓我蠻驚訝的。專案管理的難度有一半來自死線，這種喚醒我身為團隊組長大腦的感覺很好，這些神經元受過訓練，知道怎麼準時發布。團隊的額外挑戰則是 Jetpack 將成為一個讓大家下載的外掛程式，不是直接在 WordPress.com 伺服器上線的程式碼，這代表任何錯誤修復，都要重新發布新版本的軟體。如果我們在三月十四號發現 Jetpack 有個糟糕的錯誤，我們就必須重新發布，並請所有人重新下載一次，這顯得

既丟臉又痛苦，特別是對一個新產品來說。

我的腦海中總共有五個警鈴嗡嗡作響：

一、**成功需要不同的文化**　如果我們錯過發布日期，Automattic
會很丟臉，Jetpack 的發布也會失敗。我想像麥特走上台在一大
群人面前表演魔術殺時間，而不是向世界宣布 Jetpack 的到來。

二、**程式設計師會需要預估工作時間**　我在 Automattic 還沒
看過半次工作時間預估，如果你不預估，就不可能準時。而一
個從來沒有預估過的團隊第一次預估時，準確度一定很低，儘
管他們有多在乎成果的展現。

三、**我們團隊會需要更多成員**　根據我們為 Jetpack 製作的粗
略藍圖，只有三名程式設計師人數根本不夠。

四、**Jetpack 需要一個簡單的使用者介面**　Jetpack 是多個部
落格功能的橋樑，要完成這件事所需的科技很複雜，但使用者
體驗必須要像按下按鈕，然後就忘記按鈕存在一樣簡單。

五、**我們會需要版本管理和相容性測試**　網頁程式設計師無時
無刻都在處理瀏覽器相容性，但 Jetpack 是在不同的伺服器上
運行，我們必須在多台不同主機上測試 Jetpack。這代表著另

一袋我們不熟悉的把戲：錯誤追蹤、測試計畫、版本候選，這些都是 Automattic 很少使用的東西。

麥特再次表明這個專案的重要性，並且和一個好領導者該做的一樣，提供所有我需要的資源。對於所有會說「XXX 很重要」的老闆來說，這是個很棒的屁話測試，如果老闆沒有提供和這句話相對應的資源，那就是能力不足和講幹話。也可能兩者皆是，如果這真的很重要，那就證明啊！重要性永遠都是和其他專案相比而來的，不是什麼可以隨口灑在員工身上的仙子粉末。社交團隊從數據團隊借了兩個人來：住在丹麥、精明又年輕的系統設計師約恩・雅斯穆森，以及住在德州，身為 Automattic 元老員工之一的安迪・史凱爾頓，他原本負責的是世界上人氣最高的 WordPress 外掛程式 Stats。Jetpack 大部分的工作就是要使用其架構重新改造 Stats，我先前沒有和他們兩人共事過，但我敢打賭他們一定很容易就能融入社交團隊。

太幸運了，我們有個很棒的開始。亞當斯完成了他 IntenseDebate 的工作，並馬上開始為 Jetpack 探路，他以我們在舊金山做的流程地圖，拆解成六份任務清單，這對一個 Automattician 來說，可說是組織生產的爆炸性表現。他了解我需要的是什麼，我不在乎預估，而是需要更細緻的清單來幫助我們決定下一步。我就和優質的專案經理一樣，總是在催他們交清單，排出優先順序。我確實在乎清單本身，但在專案初期，我更在乎亞當斯為

了要生出清單，被迫做出的思考。

我腦中有兩個非常清楚的目標：

· **確保簡潔**
· **規劃容易管理的專案**

從底部開始往上開發，是工程師自然而然會犯下的錯誤，他們會把使用者介面留到最後，認為這是最不複雜的科技。但這是錯的，人類比軟體還要複雜非常非常多，由於介面必須要和使用者互動，要做好也是最難的。技術專家因為從底部開始往上開發，把自己逼到牆角，導致創造出又醜又難用的東西，等到他們終於要開始做使用者介面時，會發現存在超多限制，就算是世界上最棒的系統設計師，也無法拯救整個專案。要解決這一題的答案很簡單：先設計使用者介面就好了。這在所有開發出人氣產品的組織中，都是不可動搖的命令。

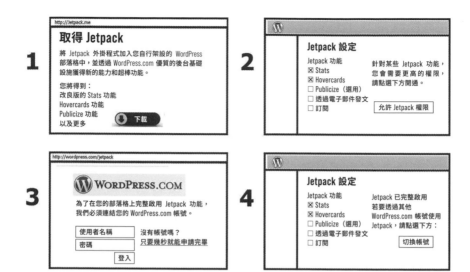

我粗略弄出第一版設計，並用字母或數字標示每個視窗，以便在對話時參照。這些模型的目標便是要確保簡潔，假如能夠讓設計變得更簡潔，那我很樂意看見問題和批評，如果我能成功在所有人腦中，植入開發「流線型使用者體驗」的重要目標，就算其他人討厭我的主意也沒關係。一長串的 P2 回覆以問題、想法、說明展開，還有更多事都按照我想要的精神，我們在任務 A 的方向很正確。

至於任務 B 的專案規劃，我需要一份特別的清單。生出行程表最簡便的方法，就是一份包含以下三件事項的試算表：

- **所有工作項目，以優先順序排序**
- **負責的開發人員**
- **開發人員的工作時間預估**

除非行程表中包含上述所有事項，不然你永遠都不會認真看待，只有當大家看見他們的名字出現在表格中，旁邊是他們許下的承諾，行程表才算是來真的。我很有信心，覺得社交團隊至少會試試看用這樣的方式工作，但我們真的能夠牢牢遵守嗎？訂行程表是一回事，遵守行程表又是另一回事了。二〇一一年一月十五日，社交團隊舉行了有史以來的第一次語音會議，安迪・史凱爾頓跟約恩也從世界其他角落加入。語音開會是其他團隊已經實驗過的，這對我來說一直都很合理，但直到現在卻都沒什麼因素促使我們團隊改用，新專案是個適當的機會，可以讓我們做一兩個實驗。結果這實驗超級棒，棒到我們再也不用 IRC 開會了。

會議非常順利，團隊士氣高昂，大家把亞當斯的清單改得越來越好，並和我一起把所有任務分成必要的第一優先事項、以及如果有會很好的第二優先事項。而我則盡量精簡第一優先事項，把這些清單移到 Google 文件的試算表，在專案剩餘期間，這就是評估我們表現的記分板。

問題在於試算表很快就會過時了，特別是如果團隊產能爆棚時。

管理者通常會花很多時間照料行程表，我原本也已預期要做一樣的事，但我的團隊會定期去照料自己的事項，這是個令人愉快的驚喜，簡直就是專案管理的奇蹟。每週一開會時，我們都會一起打開試算表快速檢討一下，邊用 Skype 講邊看著同一個視窗，確保上面的情況都是最新的。這些會議提供了很多娛樂，因為我們在 Google 文件上都有自己的游標，可以在其他人講話時，到別人的工作事項上打一些垃圾話。

	A	E	C	D	E	F	G
1		Jetpack 專案	完整任務清單				
2		分類	任務	預估時間（天數）	優先順序	Automattician	做好了沒？
9		伺服器	在連結的第二階段將使用者加入電子郵件寄信清單	3	1	包・李本斯	
10		伺服器	移除使用者連結的管理 UI（供使用者和網管使用）	3	1	A・皮特林	1
11	michael.d.adams	伺服器	新的 XML-RPC 方式：JetPack.test-Connection	1	1	包・李本斯	
12		伺服器	檢查來自登入要求 .ORG 到 .COM 的隨機數，新的 memcache 群組／暫存？我們只需要儲存數據約一分鐘	1	1	包・李本斯	
13		伺服器	將使用者加入部落格／將使用者移出部落格	1	1	mdawaffe	1
14		用戶	3a. 註冊失敗，再次嘗試的訊息和按鈕（而非取消開通／重新開通）？	3	1	A・皮特林	
15		用戶	3b. OAuth 使用者流程錯誤（目前所有的 wp 都掛了）	3	1	mdawaffe	1
16		用戶	3c. OAuth 使用者流程錯誤＝拒絕存取（使用者退出）	1	1	mdawaffe	1
17		用戶	8a. 主管理視窗 UI	3	1		
18		用戶	8c. 安裝後通知／錯誤 UI	1	1		
19		用戶	8c. 啟用外掛程式連結，導向主管理視窗 UI	1	1	mdawaffe	1
20		用戶	8d. 我們要有個關閉／啟用 UI 嗎？	3	1		
21		用戶	9. 部落格擁有機能的永久連結時，外掛程式依然要能夠使用（/jetpack.verify/ not working）	3	1	mdawaffe	1
22		Hovercards		1	1		
23		Shortcodes		1	1		
24			1. Allow authorization with X_JETPACK				

約恩承接了設計的責任，熟練地把我們在 P2 討論的決定抓出

來，整合到他的設計中，他簡直閃閃發光，不像那些會逃避因工程限制而混亂的系統設計師，他做了最棒的系統設計師會做的事，就是把問題搞定。而且他還毫不自滿，只在乎進度，不會邀功。要度過 Jetpack 的挑戰，我找不到比他更適合的系統設計師了。

要成功開發出 Jetpack，就需要包和亞當斯搞定一大團義大利麵般的混亂，包括各種資安、認證、跨領域問題。即便已經被討論了這麼久，但之前沒有人願意負責這個專案是有原因的，因為又複雜又恐怖。

隨著亞當斯和包提出各種問題，都會牽涉到使用者介面，簡單的模型已經不足以描繪我們必須進行的精密決策，約恩於是做了一張流程表，記錄使用者流程和相關工程中尚未解決的問題，並按時修改。這種濃縮的圖像化思考非常珍貴，在一般的辦公室中，這個過程可能是在整個白板上蔓延，但即便我們是遠距工作，他仍然複製了相同的效果。

約恩・雅斯穆森 7:34 am on January 24, 2011 ∞ 💬 ✏

這裡是第二輪的模型。

因為今天是禮拜一，我決定對自己好一點，玩了一下，所以看起來比先前更有設計感一點，我仍然堅持認為這些只是模型，所以要打槍也不用覺得抱歉，我已經把自尊丟在家裡了。

Jetpack 有個超棒的開始，但是隨著三月 SXSW 大會的死線越來越近，顯然我們在下一次團隊聚會時，也必須全力開發 Jetpack 才行。聚會預計二月在紐約舉行，麥特那時也會在城裡，所以我們預計要給他看看成果，聽聽他的意見。要在紐約加入我們的還有社交團隊的第一位新成員，來自葡萄牙里斯本的系統設計師雨果・貝塔。

雨果已經通過了公司聘人的測試程序，但到了要分配團隊時，還是會諮詢一下該組組長。大多數設計測試都是由公司的創意總監麥特・湯瑪斯負責的，雨果通過後，他跑來找

我，問我覺得雨果適不適合我們。受到團隊語音會議的成功啟發，我和雨果通了電話，他跟我說我是他第一個聽見聲音的 Automattician，我覺得這既有趣又哀傷。我們聊了一個小時，大多數時間都是在請他告訴我他覺得 WordPress.com 有哪邊做錯了。我已經看過他的履歷，而且他也通過麥特·湯瑪斯那關，所以我不怎麼擔心他的能力，但我必須確認他的態度。我認為優秀的系統設計師從來都不會滿意，他們總是能找到方法去改進已完成的作品。他通過了我的測試，並完成他的客服訓練，剛好來得及和我們在紐約碰面。

我想避免我們在雅典發生的錯誤，於是在下曼哈頓的蘇活區找了間大公寓，無線網路訊號良好，還有很多空間。這次不像在雅典，我們從抵達的第一晚就開始拚命工作，依賴的正是我們在遠距工作時建立的動能。第一晚我們在轉角附近找到一間義式家常餐廳 Bianca，某個下午我們則決定休息一下，走去我在世界上最愛的建築布魯克林大橋，這是個和 Jetpack 對應的啟發：連結事物。之後我們穿過中國城走回來，並在我們能找到最蠢的地方停下來拍團體照。

隔天我們照樣努力工作，開發 Jetpack 0.5 版，這是內部測試的版本，我們邀請了所有 Automattician 和 WordPress 社群的朋友來試用，並向我們回報錯誤。麥特也看了成果，並且頗為開心，他來到公寓時，透過直播召開了公司大會，並要我們一起參與。盯著一個網路攝影機，知道那些大多透過訊息認識的同事都在看你，實在是件奇怪的事，我們全都不安地坐在沙發上，盯著攝影機的小紅眼，除了麥特以外，他已經這麼做好幾個月了。最精彩的時刻則是他用一首老歌，結束了這次的公司大會。那個禮拜，我們團隊在 YouTube 上互相交流各種古老的《校園搖滾》和《芝麻街》影片，而且指針姐妹演唱的〈彈珠倒數〉簡直超級洗腦，你根本無法擺脫這段旋律，一整個禮拜都是。麥特在會議結束時放了這首歌給全公司聽，這讓我笑到不行，並覺得自己也沒那麼老嘛，別的不說，至少我確信超讚迷因真的會永久流傳。

最後一晚，我安排了一頓豐盛的晚餐。我希望把這變成團隊的傳統，用一頓又長又放鬆的晚餐總結這趟旅程，聊聊我們哪邊做得不錯，以及還有哪邊可以改進。我們去了 NY Prime，一間有趣到爆的超浮誇牛排館，因為有各種老套的巨無霸份量、畢業約會和充滿叉子的用餐禮儀，席間我們大部分都在聊 IntenseDebate，並列出本來可以用來管理這個計畫的其他不同方式，還有從中學到的教訓。我後來把清單抄了下來發到 P2 上，我在 Automattic 很少看到事後檢討，雖然我貼上這些是為了自己好，但也希望為其他人立下榜樣。一年後可能會有人思考我們是怎麼樣、又是為什麼做了那些事。良好的事後檢討，就能捕捉到你永遠不會在程式碼中發現的智慧。

完成我們的正事後，我在紐約的最後一個任務就是參與公司

稱為「○○中的○○」的傳統。這是一個P2，裡面充滿各種Automattician們拍的照片，對象就是在某個東西裡面的某個東西。最有名的照片是一張哈妮在烤箱裡的照片，佈景主題團隊則是有一張所有人擠在電話亭裡的照片。晚餐氣氛緩和下來之後，我們決定最棒的主意就是到中央車站著名的時鐘底下去拍照。距離大概有一點六公里左右，但當時已經凌晨一點，在車站關閉前抵達的機率微乎其微，這讓我們有了另一個想法：不如就搭大禮車去吧！最糟的情況，我們至少還會有一張「社交團隊在禮車裡」的照片。我不知道要怎麼叫禮車，但身為這個惡作劇的發起人還是必須負起責任，我於是問了餐廳的女招待曼蒂・奈姐，她覺得我們很好笑（或許是以某種可悲的方式吧）。我們就這麼站在餐廳入口的招待櫃台旁，她接下來的二十五分鐘都在叫禮車，每一台都不願意這麼晚出來載人，就算只是短程也不要，時間一點一滴流逝，萬一中央車站關閉，我們就沒有備案了。終於，在問完她的老闆和同事後，她幫我們找到了一個願意過來的司機，在凌晨一點半抵達時，我們馬上跳上車拍了照。事後，我們寄給曼蒂一大箱WordPress周邊表示謝意。

回到各自居住的地方後，工作步調持續下去，我們繼續進行小型發布，並在死線前兩個禮拜來到0.9版。我們改成每天開會，就算只有五分鐘也好，我們檢視了所有還沒解決的問題、誰負責處理什麼、有沒有需要任何調整，亞當斯生出了一個簡易的測試計畫，包含在所有主要主機上執行的步驟，以及一

份主機公司的新名單，還有誰負責進行測試。麥特則說服了
Bluehost、DreamHost、GoDaddy、HostGator、Media
Temple、Network Solutions 將 Jetpack 包含在他們的服務
中新下載的 WordPress 中。SXSW 大會到來時，我們已經準
備好了。我們有好幾天沒有出現新的問題、或需要進行新的修
復，跑道已經清理完畢，Jetpack 準備起飛啦！

SXSW 大會發布會完美結束，麥特上台的時候像場訪談，比
較不像是專門的產品發表，但效果很好。社交團隊私下打賭第
一天會有多少下載次數，然而我們全都太過樂觀，最終只有幾
千次而已，這個數字雖不錯，但我們期待的其實多更多。接下
來幾個月，團隊持續為 Jetpack 加入新功能，這個外掛程式在
WordPress.com 的伺服器和 WordPress 之間形成一座橋樑，
但這座橋樑只有在運送部落格主需要的功能時才會有用。我們

很快就發布了 1.2 和 1.3 版，之後每幾個禮拜就會發布新版本，同時也協助其他團隊發布 Jetpack 功能。我在撰寫本段時，Jetpack 的下載次數已經超過五百萬次，使其成為 WordPress 歷史上最受歡迎的外掛程式之一。

Jetpack 發布之後不久，我們團隊在中央車站拍的照片便出現在 P2 上，還有我們組織的新名稱。我們開發了 Jetpack、Highlander 和各種功能，似乎總是在合併和統一東西，並設下規則讓其他人遵循，所以我們是社會主義者！和所有優秀的社會主義組織一樣，我們也應該成為某個局才對，因此，我們幫自己取了個「中央社交局」的綽號，亞當斯第一個 P2 設計裡的鐵槌和鐮刀簡直就是預言，這個新名稱最後的意義已不只是個內部笑話，甚至比我在團隊裡撐得還久呢。

CHAPTER 20

錢從哪裡來

我在活動演講時，聽眾常問我的一個問題就是 WordPress.com 怎麼賺錢？WordPress 本身的人氣讓解釋變得頗為複雜，「開源專案 WordPress」、「WordPress 的其中一個用途 WordPress. com」、「WordPress.com 背後的公司 Automattic, Inc.」，這三個實體之間的區別，總是讓人相當混淆。知名品牌都是單一的，迪士尼就是迪士尼，可口可樂就是可口可樂，很少會將其智慧財產權或是目的切割成外部看得見的派系，如果可以的話，他們會把內鬥的愉悅藏在內部獨享，而 WordPress 專案異於其他公司所付出的代價，便是 WordPress.com 會持續面臨的公關挑戰。

WordPress.com 怎麼賺錢非常簡單，而且也很像公司的策略，相當公開透明，整個商業模式走的是免費模式，核心產品免費使用，支撐其運作的則是四條收入流：

一、**升級**　如果有使用者想要更多儲存空間、付費佈景主題、他們自己的網域名稱，WordPress.com 會以一小筆訂閱費用販售，而透過免費提供的許多功能，也不需要銷售團隊，因為產品會自己銷售自己。

二、**廣告**　如果你把 WordPress.com 的所有部落格都算進來，那 WordPress.com 是世界上總流量第十五大的網站。有少到不到百分之一的頁面會出現廣告，廣告就會產生收入。使用者可用的其中一項升級，就是付費消除廣告，但因為沒什麼頁面會有廣告，所以這項升級也不怎麼熱門。

三、**VIP**　CNN、《時代》雜誌、CBS、NBC 體育等大公司的網站都是架設在 WordPress.com 的伺服器上，身為世界上最優質的伺服器基礎設施之一，他們會付一大筆錢以取得服務，並有一組特別的工程師團隊提供支援，也就是 VIP 團隊。

四、**合作**　WordPress.com 有時候會和其他服務合作。

我進公司的時候這些東西都已經就位，卻沒有太多人知道，這讓大家對公司的商業模式越發好奇。大多數公司都會用力銷售產品，至少這能確保顧客知道他們有東西可以賣，但以 WordPress.com 的情況，很容易讓人以為這服務是由志願者經營的。我向皮特林講的一個笑話就是和 WordPress.com 商

店的能見度，或說隱形有關：「身爲一個想拿錢砸 WordPress. com 的快樂顧客，你必須花很長的時間努力尋找，才能找到要把錢砸在哪裡。」許多網路服務都會以升級資訊轟炸你，相較之下，到達 WordPress.com 商店的唯一方式，卻是一個寫著「商店」的文字小按鈕，藏在頁面左側邊緣的一長串清單之中。

公司的許多 P2 中，有一個就叫作 Money。這是個安靜的地方，由於沒有專門的團隊負責商店或收入，就沒有人的主要工作是負責積極賺錢。團隊的其中一個副作用，便是總有事情被忽視，團隊會創造地盤協助大家專心做事、產生自豪感，這是好的力量；但對那些落到團隊之間的工作來說，就會帶來問題。如果你想包辦所有事，那團隊就無法專心；如果負責的事太少，團隊又沒有成長空間。即使你精心設計了團隊制度，「地盤」仍然必須是概念上的，而非實質上的，一旦人們按照特定的規則或功能，而不是以目標來界定他們的工作，那麼組織很快就會官僚化。

比如你告訴我說我的工作是炸薯條，我就會抗拒所有威脅薯條存在的事物，因爲只要薯條不在了，我的工作也不見了。但如果你說我的工作是幫顧客做副餐，我就會保持開放的心胸，副餐可以是薯條或洋蔥圈，甚至是我們還沒想到的各種可能，因爲我的身分並不是綁在某樣特定的副餐上，而是和副餐扮演的角色連結。當人們的工作跟規則及程序本身緊緊綁在一起，而

非著重在那些東西應該擁有的效果，那就會形成官僚制度。當時我覺得，很難讓用戶找到升級的地方根本是瘋了，但我尊重這種瘋狂，挑選團隊的方式暗示了明確的優先事項，制度設計上本來就沒有收入團隊。

在海濱鎮開年度大會時，我曾和史奈德聊過我的觀察，當我提到收入和很難找的商店時，他理解地笑了笑，就像他常常做的那樣。史奈德有種冷靜迷人的特質，你什麼事都可以跟他說，而身為一名領導者，他也達到非常高的標準，因為他身體力行他嘴巴上說的事，他生於瑞士，到美國的史丹佛大學修習電腦科學，在來到 Automattic 之前，曾在多間科技公司工作過。

身為 Automattic 少數幾個待過多間公司的人，他和我分享他也注意到了公司文化討厭收入這件事，他解釋 WordPress 的文化歷史並非充斥企業家或大公司的老將，大多數員工都是自由接案的 WordPress 開發人員和系統設計師。對他們來說，替 Automattic 工作便是他們第一次在「大」企業工作的經驗。他們並沒有帶入在體制完善的公司工作多年所擁有的正常期待，許多人都免費為 WordPress 貢獻、不求任何回報。而究竟要有哪些團隊存在、以及團隊各自的目標為何，也不是隨隨便便決定的。史奈德和麥特每隔幾個禮拜就會在舊金山南市場區的一間小酒吧 NOVA 見面，他們會檢討重要的專案，並調整公司目標的優先順序，這代表的可能是請某個團隊開始某個專

案，或創立一個新團隊。他們認爲商店是重要的，但還不夠重要，不值得分配到資源，他們想要等到公司收支平衡或開始賺錢時，再投資在商店上，因爲要把商店做好，會需要一大筆投資。社交團隊也是在其中一次這類計畫會議中才創立，用以處理 WordPress.com 協助部落格主與其讀者和社交網路互動的明確需求。

麥特有種絕妙的克制力，不太受到利益驅策，他看過太多公司創辦人犯下太早也太快追逐收入的錯誤了。他也設想了許多方式，使得收入成長成爲 WordPress.com 設計中內建的一部分，但要等到對的時機才行。在我待在公司的那年，他們選擇重點投資，比如在辦帳號設立新部落格的步驟中，加入付費網域註冊，即便我腦中警鈴大作「幹嘛放著好賺的錢在桌上不拿？」的念頭，但我對他們堅持的耐心表示尊重，我很少遇到主管對他們的長期願景擁有類似的信心和耐心。

我有機會在 Automattic 的董事會發言過一次。因爲我擁有多次和主管報告的經驗，所以事先和麥特瘋狂打探要怎麼準備。一如既往，他覺得我擔憂這些程序很有趣，告訴我說不需要準備任何投影片，他在 Skype 訊息上打的是「我們已經好多年都沒用投影片啦。」我則跟他說我會簡介一下社交團隊的目標，以及我們現在在做的事，他覺得這樣就不錯，即便我很懷疑這樣就夠了嗎？但我知道萬一事情脫軌麥特人也會在場，這樣至

少我可以對他揮拳抗議。

出席的有麥特、史奈德、資深創投家麥克‧賀許蘭、True Ventures 的創辦人之一菲利普‧布萊克、True Ventures 的另一名創辦人東尼‧康拉德、Automattic 的財務長安妮‧朵曼，雖然他們針對我的團隊和我們的目標嚴刑拷打，這仍是我和高階主管及創投資本家開過最直截了當也最平淡的會議了。麥特沒有說太多話，因爲我說的所有事他之前都已經聽過了，我對情況的判讀是麥特位置很穩，他已經不需要再證明什麼，而且也沒有什麼事情好吵的。也有可能是他們在我到之前就已經講完有趣的事了，這相當聰明，我之後再也沒有和董事會聊過我團隊的工作，他們似乎和史奈德跟麥特一樣，已經頗爲適應不要擋住員工的路。

對於我在 Automattic 公司中體驗到的所有事，包括和董事會美夢成眞般的會議，我所詮釋的便是 WordPress.com 驚人成長的故事。其流量圖表是所有企業家都夢寐以求的東西，WordPress.com 的流量長期以來都穩坐世界前二十名，而且每年依然持續穩定成長，這表示對所有我剛提到的收入來源來說，機會都相當巨大。即便成長率慢了下來，WordPress.com 仍然是網際網路歷史上價值最高的公司之一；即便早在二〇〇七年，Automattic 拒絕了兩億美元的收購，許多人都了解他們開發出來的東西，以及他們預計開發的東西，潛能已經受到證明。

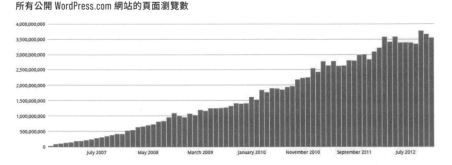

我在公司工作越久，就越是好奇這驚人成長背後的故事，其平衡顯然是跟隨著 WordPress 本身的成長，只要越多網頁使用 WordPress，WordPress.com 也會跟著成長，就像跟在領頭車後面的賽車一樣。所有聽過 WordPress 優點的人，都可以先試試 WordPress.com，再嘗試在自己的伺服器上架設網站。不過我越是研究這個成長的發展，就一直不斷出現某個名字和團隊：拉南‧巴爾－克恩和 VIP 團隊，他們便是 Automattic 和大公司之間的連結，流量有很大一部分都是來自他們，同時也為 WordPress.com 這個品牌打響知名度。

拉南的第一個驚人之處，就是他似乎永遠不用睡覺，我不知道是不是有兩個他或更多的他在輪班工作，還是他的基因讓他可以用正常速度的兩倍工作，但他好像無時無刻都知道所有事情的進展，我說的不只是在 Automattic 內部而已，而是整個網際網路。拉南很像麥特和貝瑞‧亞伯拉罕森，科學家應該

要去研究他們，以了解他們吸收資訊的能力才對。他們全都冷靜地過濾、處理、回應資訊，數量比公司裡任何人都還多，而且還伴隨不尋常的清晰和優雅，至少就我看來是如此，因為遠距工作的關係，我完全不知道他們如何平衡工作和日常。但拉南身上最有趣的事並不是無所不知，而是他怎麼體現許多Automattic需要卻缺乏的經驗和態度。多數員工的人際關係都圍繞著WordPress發展，但即便麥特和史奈德的產業關係很不錯，公司裡的其他人卻沒有，拉南則能重重將天秤導向有利的那邊。

拉南的其中一個角色是商業開發，這是個頗為奇怪的角色，介於科技和商業，以及銷售和行銷之間，這些人時常簡稱「Bizdev」。他們的工作便是和其他公司建立連結，目的可以是銷售、合作、獲取資訊、收購、以及所有介於其中的東西。很難認真看待某些商業開發人員，因為就像業務，他們很容易就會咄咄逼人、騙人、愚蠢，你輕易就能在成功的公司找到擔任這種角色的人，然後只要十分鐘就會發現其犯下以上兩個缺點或是三個全中。但就算是那些太咄咄逼人或是愛騙人的人，都能扮演要角：他們的人脈創造了一間年輕公司賴以維生的各式機會，就算做得不好，這仍是個重要的工作。假設這些人人脈很好、很會推銷、可以談妥很棒的生意，那他們就對得起薪水，但厲害的商業開發人員非常少見。

我待在 Automattic 的那段時間，發現拉南堅定、可靠、又聰明，在管理 VIP 團隊的同時，他也會帶著有關其他公司的報告，以及針對該團隊計畫的回饋，去接觸其他團隊。他的知識已經超越商業開發，進入我系統設計及產品規劃的專業。和皮特林一樣，拉南其實也有能力自己去開公司，他們兩人都擁有多元的技能，跟麥特相同，可以成功帶領他們自己的船員，而這正是 Automattic 魔法的其中一部份：拉南熱愛他在做的事。他會加入公司，部分就是因為有創造言論自由的使命，他曾在時代公司和道瓊公司工作，並在任職期間推動使用 WordPress，他相當欽佩麥特、史奈德、貝瑞，也覺得遠距工作的想法頗為有趣，因而在二〇〇八年加入。我不太常直接和拉南共事，這實在很可惜，多數時候他都會在社交團隊的 P2 上給些建議，但即便許多建議都頗有用，這些建議還是多半都沉到我們的待辦事項中。

我知道為什麼許多員工都和拉南一樣在公司待得這麼開心，為一間創造自己喜愛事物的公司工作，根本就是夢想工作，就像有些小孩夢想為迪士尼、NASA、紐約尼克隊工作一樣；而對其他人來說，是因為他們不用搬家就可以加入一間重要公司，他們喜歡自己居住的地方，或是有家庭義務無法改變，而為重要公司工作的機會可是相當罕見。但對經驗豐富的老將，比如拉南、貝瑞和其他幾個人而言，是這些因素全部加起來，幫 Automattic 工作的重點在於生活品質，而不只是工作時的生

活品質而已。

最後一個驚喜則是金錢，關於薪水的討論很少發生，不像多數公司，在 Automattic 從來都很少聊到這個，這很難解釋，但升遷和獎金跟大家對自己工作的想法相比，就是不那麼重要。多數組織對金錢獎勵都非常緊張，緊張到創造出一個精密的表現評估系統，結果則是造成另一個數據陷阱，當表現評估越是複雜，效率就會越低。在多數組織中，當有人硬要推動或過度重視某個糟糕的專案時，大家總會懷疑他們是不是把升遷機會押在上面，但我在 Automattic 從來沒有這種感覺，就算是在為我工作的團隊成員中也沒有。

麥特和史奈德有個不言明的政策，就是不要對升遷或薪水有太多政策，他們真的不想讓這些事成為大家覺得能從公司獲得什麼的重點，事實上也不是。他們給的薪水會等於或高於市場行情，但對大多數的員工來說，這都是他們有過最高薪水的工作。公司分散式的本質從來都不是個划算的計畫，因為送員工去團隊聚會的成本，早就抵銷掉所有遠距工作的經濟效益了。但是在薪水以外，Automattician 們也都認為比起身處工作世界的其他人，他們擁有更多掌控時間的自由，而這或許就是最重要的報酬。大家將員工離職的比例稱為流動率，這是檢視組織健康一個很棒的方式，而我在 Automattic 工作的十八個月期間，只有不到六個人離職，這個數字非常低。

相較之下，矽谷的流動率很可能是世界最高，因為人才的需求也非常高。許多 Automattic 的員工雖然很有才華，但都住在人才需求更低、也更少可以選擇知名公司的地方生活，如果離開 Automattic 意謂著他們只能回到自由業、或者得搬家，這兩樣都是他們選擇 Automattic 時想避免的原因。這同時也是某種困境，在大城市工作的員工可能會因為不滿而換公司，但在小鎮遠距工作，就必須容忍這些不滿，因為你沒有其他選擇。最終，所有主管都會用離職和留任的員工，來評判每個組織的狀況，員工可以大吵大鬧抱怨，但沒有比讓他們目睹一位優秀員工離職更能向管理階層傳達某些問題存在的訊息。

CHAPTER 21

波特蘭和集體

我還記得小時候在紐約皇后區長大，在人行道下方發現蟻穴，我會用盡我小小的雙手能生出的所有力氣，抬起碎裂的石塊，只為看看裡面，並驚訝地看見數百隻螞蟻在組織的混亂中打轉，獨立做著自己的工作同時卻也在合作。我永遠都不理解個別來看如此愚蠢的螞蟻，竟可以從事工程及邏輯的驚人行為，建立並維護著他們的居住地。我理所當然認為蟻后，無論位在何處，一定是整場秀的大腦，但這其實是錯的，她並沒有比其他螞蟻還要聰明，她沒有下令也沒有制定計畫，這種智慧行為其實是從所有螞蟻做出的集體選擇中浮現。這對人類以及我們對階層制度的信心來說很陌生，但科學證明集體浮現的智慧是存在的，如果情況合適，一個社群的效用可能會比所有個別部分加起來還大很多。

我常常發現自己打開 Automattic 的總 P2 列表，隨意滑來滑去看看我的同事們在做什麼，原因和我享受觀察螞蟻類似，

就像觀察魚群或鳥群移動，彷彿所有人的大腦都調到特定的無線電頻率，冷靜地一步步完成該做的事。每一天幾乎所有時刻，看著這個集體中的每個人雖身處世界不同地方，仍能以和諧的方式合作，實在是充滿啟發。他們不是像螞蟻做著機械化的工作，無腦的一個口令一個動作，而是選擇把自己的智慧，應用到某個比自身還偉大的事物上。我在滑列表時很少會覺得厭倦，甚至現在我也很懷念這件事，但即便聽起來頗為迷人，Automattic 仍然存在某些集體無法克服的挑戰，我之前就提過，WordPress 有些部分本身設計得就不是很好，而 WordPress.com 也承襲了這些缺點，多數使用者都覺得 WordPress 很容易使用，但這必須等他們克服中等規模的學習曲線才會發生。WordPress 充滿許多複雜的層次，令人相當困擾，這就是由工程師負責設計的經典症狀。這些層次有不少都成為 WordPress 人氣暴漲的原因，但其崛起是來自吸引了擁有技術需求的程式設計師及組織，和替部落格主本身帶來簡便是完全不同的目標。

Automattic 多數的系統設計師，也就是那些我期待他們領頭改善 WordPress 整體設計的人，都不想惹麻煩，許多程式設計師的個性就是不喜歡衝突，即便他們常常擁有大膽的想法，卻總是苦苦掙扎，找不到勇氣為這些想法奮鬥。在一個強調同袍情誼和分擔工作的文化中，對系統設計師和其他所有人來說，避開棘手的問題，比如改善使用者體驗，並躲在修復錯誤或添

加新功能帶來的安全中，總是比較容易，即便新功能可能會使整體架構變得更爲龐雜也不例外。

WordPress 越發複雜的一個明顯例子，便是每篇部落格貼文下方的區域，有一系列的功能，供訪客在他們的社群軟體分享貼文或是評分，最低一分，最高五分，這些功能每個都是獨立開發的，外觀和運作邏輯都截然不同，合起來便讓部落格貼文變得又醜又令人困惑。我不懂系統設計師怎麼會允許某個出現在每篇部落格貼文顯眼位置的東西看起來這麼糟，這是破窗理論走偏了，我幫這些功能取了 NASCAR 的綽號，就像賽車從車頭到車尾都塗滿不同公司的商標一樣，簡直是場風格大戰的恐怖秀。

這是寫給你的

包・李本斯於 2011.07.09 張貼

如果你在讀這篇文，那這個警告就是給你的，你讀到的每個無用精美印刷字體都是在浪費你人生中的一秒鐘，你沒有其他事好做嗎？你的人生就這麼空洞，你真的想不出一個更好的方式可以花費這些時光嗎？你讀完你應該讀過的所有東西了嗎？你思考完你應該思考過的所有事了嗎？

☆☆☆☆☆ ❶ 評分本文

分享本文： ✉ 電子郵件 Ⓦ WordPress ❙ 臉書　🐦 推特 〈 0 〉　🔴↑↓ Reddit 分享

　　　　　　　　　　　　　　　　　　　　　　🔲 Digg　➕ 分享

這後來證明是史上最被嚴重低估的決定之一，我請包和雨果負責一個附屬專案，把 NASCAR 給清乾淨，設計和技術上的挑戰雖然看似簡單，但我們全都非常驚訝 WordPress 的設計讓這個問題變得有多難解決。WordPress 在讓程式設計師添加新功能的表現上非常好，如果我們想要的只是在 NASCAR 上另加一個小功能，那就很容易，但要整合這所有功能，就需要全部重寫。因為每一個功能背後的原理都截然不同，完全不在乎其他功能的存在。在 WordPress 社群中發布新功能很容易得到獎勵，但要整合及精簡功能就更為困難，所以很少人這麼做，包、雨果和我花了好幾個令人沮喪的星期和強大的毅力才把事情搞定，但我們最後確實發布了一個改良版本，結果這整個專案和公司的工作流程衝突，還有些人質疑是不是有必要搞得這麼麻煩。我覺得是有需要，因為如果我們弄不好少數幾個所有訪客一點進 WordPress.com 就會看見的東西，那我們就沒有權利宣稱我們在乎高品質的系統設計。

在所有組織中，推動大型專案都需要影響力，但很少員工擁有影響力，那些有大構想卻沒有影響力的人，常會懷疑為什麼沒有人支持他們，他們會認為缺乏支持是對他們的構想有意見，而非權力政治的結果。然而，同一個構想從不同人的嘴巴說出來，會有截然不同的結果。在 Automattic 這裡，權力是掌握在麥特、史奈德、幾名團隊組長以及少數最受尊崇的程式設計師手上，但即便是在他們之間，也很少會有什麼新想法被大肆

宣傳或是重新檢討。由於線上工作的短暫注意力，代表那些擁有宏大構想、需要讀者深入思索的 P2 貼文會遭到忽視，大家比較喜歡容易回覆的貼文，這在線上討論中是個相當常見的情況，稱為腳踏車棚問題，又叫帕金森的瑣碎法則 [7]。

這是寫給你的

包 · 李本斯於 2011.07.09 張貼

如果你在讀這篇文，那這個警告就是給你的，你讀到的每個無用精美印刷字體都是在浪費了你人生中的一秒鐘，你沒有其他事好做嗎？你的人生就這麼空洞，你真的想不出一個更好的方式可以花費這些時光嗎？你讀完你應該讀過的所有東西了嗎？你思考完你應該思考過的所有事了嗎？

評分本文： ☆☆☆☆☆ ❶ 評分本文

分享本文： 📧 電子郵件　Ⓦ WordPress　📘 臉書　🐦 推特　Ⓢ Reddit　Digg　▼ 更多

按讚本文： ⭐ 讚　成為第一個按讚本文的人

不管原因是注意力長度或其他什麼，公司文化都頗為保守，多數的工作都待在熟悉的地盤中，並執著於漸進式思考。WordPress.com 總是在進步，是沒有出現什麼危機會促使文化轉移沒錯，不過那些需要深入思考和放手一搏的問題同時也沒什麼進展，就算有針對大問題的討論浮現，也沒幾個人知道怎麼將其轉變為計畫。

但是三不五時，總會有個人抓住某個大構想並開始執行，因而

---

7 | 由英國歷史學家西里爾·諾斯古德·帕金森提出。用來說明花費大量時間討論瑣事，但反而忽略重大議題的現象。這是由於人們對龐大議題較難深入理解，所以很少貿然提出見解，但對於簡單瑣碎的事情，因為較為熟悉而容易提出意見。

掩蓋了我對 Automattic 文化的批評。二〇一一年四月，我便在 NUX 團隊的聖地牙哥聚會中，親身參與了這種突發狀況。NUX 團隊負責的是全新使用者體驗，當我的團隊那年春天忙著開發 Jetpack 時，我也同時尋找其他團隊施加影響力，我說服了 NUX 團隊的組長尼古萊・巴臣斯基，接下一個叫作 Writing Helpers 的構想，概念是要開發各種功能，以協助部落格主渡過尋找想法和打草稿的重重障礙。其中一個功能可以複製現有的貼文，叫作 Copy A Post，也就是簡單的範本，另一個功能 Request Feedback 則是可以讓部落格主用電子郵件將還沒張貼的草稿寄給朋友，我的目標是要讓 NUX 團隊投入這些構想，並在未來多多和社交團隊合作開發新功能。

某個吃完午餐後的下午，我和系統設計師諾埃爾・傑克森正在抱怨我們覺得 WordPress.com 上可以改進的東西，我們討論到 WordPress.com 的首頁，並同意上面問題可大了，整個首頁最重要的按鈕「註冊」竟然是在螢幕的右側，實在是很奇怪，使用西方語言的人閱讀時是從左到右，應該是基本的設計知識才對，這代表使用者會先看見你放在左邊的東西。我們匯集了許多值得嘗試另一個做法的理由，並對於之前為什麼都沒人試過感到很詭異，公司做過很多 A/B 測試跟重新設計，但這個超重要的功能卻不知為何遭到忽略，就像沒有專門的商店團隊，我們也沒有首頁團隊。

最後諾埃爾搖搖頭，跑去拿他的筆電，我問他在幹嘛，他回答「我現在就要把這給修好。」他也真的這麼做了，幾分鐘內，他就重新寫好首頁的程式碼，把欄位移到左邊去，我們也討論了精簡設計，他同樣也真的做了。A/B 測試的專家伊凡‧所羅門協助我們評估之後的影響，這個簡單的調整讓註冊率提高了百分之十。只花了十分鐘，就能讓我們其中一個主要功能提升百分之十的效益！就一個容易達成的目標來說，這是超讚的結果。

這個故事說明了我對 Automattic 文化的困惑，也反映了蘭斯‧威列特在海濱鎮跟我說的事：「歡迎來到混亂。」絕佳機會到處都是，但很少人把握得到。即便有很多承擔風險的自由，但是否因此存在避險的文化？還是員工的個性使然呢？或是團隊制度的副作用？還是跟 P2 有關？或者這是麥特和史奈德培養出的行為造成的後果？事實上，這些全都是原因，諾埃爾只花了十分鐘就提醒我，Automattic 的遊樂場有多廣闊，但同時又是多麼少人願意拿起球行動，這是個我至今都還無法參透的文化悖論。

麥特雇用我時，我承諾定期寫電子郵件告訴他我對公司的觀察，當作家時，我常會到各公司演講，但也會花時間和專案團隊相處，並向主管報告我觀察到的東西。二〇一一年二月，我將一長串傳達我想法的摘要寄給麥特，其中許多觀察都是我曾發表在 P2 上，並和社交團隊及其他 Automattician 討論過的事，

比如〈P2 的限制〉，但這是我把第一次觀察整理成一份清單。

我注意到的事情

一、破窗理論有好有壞　「問題應該馬上處理」在文化中根深柢固，這很好，大家對於讓事情保持運作感到很驕傲，但也一定有 ADD（注意力缺失症 Attention Deficit Disorder）。大家比較常去處理最近的問題，而不是最重要的問題。開發者一定都很忙，但我不覺得以一個文化來說，我們在重要事情的完成度上表現得很好。我們應該要有個問題優先順序系統，比如第一優先是 wp.com 掛了，第二優先是數據遺失等等。如果沒有這樣的系統，所有的問題回報都會變得非常主觀，而且我們預設的模式還是「馬上去修復」，但其實不需要這樣，應該讓開發人員和團隊更容易去分辨優先順序。

二、我們逃避的大型專案和醜專案　我注意到 wp.org 最嚴重的使用問題便是多媒體，插入圖片仍然很麻煩，那為什麼沒有修好呢？一部分是因為這是個混亂的程式碼及系統架構問題（我聽說是這樣啦），而且沒有人真的想去負責處理，Automattic 中其實早就有類似的故事了，比如商店功能就擁有同樣棘手的名聲。重要的事情只要落在雷達範圍之外，比如 LinkedIn 的外掛程式，那就有可能故障好幾個禮拜或好幾個月。我完全贊成漸進主義，但某些專案用這種方式很難進行，我打賭每個團

隊都有一大堆重要的事被封存起來，而我們假裝這些事並不存在。（二〇一二年十二月發布的 WordPress 3.5 版已重新設計這項功能。）

三、P2 擁有奇特的副作用　我大致上來說蠻喜歡 P2 的，但吸引我的是哪些發文會有人回覆，哪些又受到忽視。一切都很隨機，或許是 P2 的使用量造成的吧，當你在某個特定的 P2 上發文時，很難知道誰讀過了，誰又沒讀過，還有沒人回覆是不是等於默許。我覺得有些人害怕在 P2 上發文，因為他們覺得這是個擴音器，所有人都會讀，當然也包括你和史奈德等人。不確定我有沒有改變什麼，但我認為組長和團隊必須透過在非公開頻道中的溝通，包括聚會，來積極平衡這些問題。

四、保守的想法　我沒有看見很多人在推動重大改變、重大構想、瘋狂的想法，我們在策略上的構想頗為精明，許多靈感都是來自競爭對手的行為，這沒什麼問題，我們做的很棒，但沒有很多高能量的瘋狂想法在流動，我不確定為什麼，或許跟上述第三項中提到的一樣。你似乎對大構想頗為開放，但我在 P2 上卻很少看見，我看見的最後一個大構想是大衛·蘭納罕在 PollDaddy P2 上有關完全免費化的發文，而我到目前為止唯一的大構想則是 Writing Helpers，我認為這非常重要，但就算是這個構想也頗為溫馴。我們是個策略思考的文化，組長應該要承擔更多責任，同時也要鼓勵團隊，Jetpack 就是個大構

想，但這是你的構想：）

五、才華、同袍情誼、士氣都很高昂 我之前就跟你講過，但這是 Automattic 的一切之所以能夠運作的祕密醬汁，我必須不斷強調這點非常非常重要，而你在這件事上做得也非常棒，正因如此，這份清單上列出的多數症狀，都可以抵銷掉。

六、有些事情很隱晦 公司公開透明的程度非常高，但有些事情似乎完全沒有人知道，第一是大家的薪水，第二是雇人的標準，也就是挑人進行測試和全職聘用的標準。第一點有點棘手，但第二點不會，至少團隊組長應該要對整個聘用流程有更多理解，並參與其中，你應該要教我們你是怎麼把第五項做得那麼好的。

七、缺少使用性評估方式 我不覺得 WordPress.com 有像我們想像中那麼容易使用，有不少快速又卑鄙的技術可以用來評估使用者介面跟現有的程式碼，評估原型也可以，但我還沒看見任何人提出來或曾經談論過。比如說，我覺得我們的首頁欄位就很難瀏覽，整個又巨大又令人困惑，但我們沒有方法去發現這是個問題，或是指出主要的問題點在哪裡（這真的不會以票券的形式出現），但有些方式可以完成這點，而我們應該開始使用，Jetpack 結束之後我可以負責領導一部分。

我一直在努力解決前兩個問題，這是我們團隊挑選野心專案來實現的。我也在某個 P2 上寫過 P2 的限制（何其諷刺，連我也無法倖免），但其他問題有許多都深植在公司文化之中，很難改變。以創辦人為中心的公司是把雙面刃，大多數的新創公司都是這樣，一開始的大構想來自某個人，如果他們做的很好，對初期成長就會有很棒的效果，但是隨著公司成長，需要有更多人擁有相似的勇氣，如果史奈德和麥特想要更多人去冒險，他們就必須雇用跟教導，而這正好和他們創造的不插手自治文化相悖。公司確實有個團隊把賭注押在一個叫作 The Reader 的功能上，能夠大幅精簡部落格的使用者體驗，這個專案正是由麥特和他的維護團隊領導，儘管他們已經很少從事維護工作了（他之後讓另一個 Automattician 來管理該專案，並重新把團隊改成合適的名稱。）

麥特感謝我的電子郵件，但我們沒有一起逐項討論過，因為他先前就已經在 Skype 或 P2 上聽過很多了。我主要的責任還是在社交團隊，而他們的表現還不錯，所以我看不出有什麼理由再進一步推動我的意見。我和 NUX 團隊及其他團隊的合作，也給了我很多影響力讓我去嘗試和爭取，別的不說，我覺得我提出這些問題，已經種下了種子，之後可能會有人再提。

到了二〇一一年五月，社交團隊已經花了六個月專心處理 Jetpack，因而又稱 Jetpack 團隊。但這是個問題，我們的目標

其實是要讓 Jetpack 變成另一個所有人都可以發布功能的方式，如果社交團隊繼續主導 Jetpack，其他團隊就學不會怎麼自行發布了。我告訴麥特我們要回去處理 Highlander 和其他專案，我們的下一次團隊聚會預計在奧勒岡州的波特蘭舉行，這是個改變團隊方向的好時機。

身為領導者的其中一個好跡象，便是成果很棒而會議很短，這代表大家同心協力、沒有路障，事情都在正軌上，只要輕輕推就可以。這也表示會議可以用來計畫，讓問題在變成障礙之前就先找出來。管理者常常會把自尊和會議綁在一起，漫長的會議確保了他們覺得自己身處於關注的中心，即便會議對其他所有人來說都是在浪費時間也一樣。因此在去波特蘭前的某場會議中，我很驕傲地看見我們大多數的對話，都只是在聊包買的新刀子還有其對團隊安全的涵義。

mdawaffe：勃肯抱歉你必須用 Skype，我這邊看不到你的通知
勃肯：沒事
勃肯：我覺得放個哭臉求救結果沒人回我很好笑，如果我真的溺水了怎麼辦？
mdawaffe：那你應該找你身邊的人求救
勃肯：他們應該在分散式團隊的缺點清單裡加上這項：「溺水時無法伸出援手」
mdawaffe：優點是，比較不容易被揮舞著斧頭的神經病同事殘忍

謀殺

mdawaffe：不然你以為 A・皮特林的 A 是什麼意思？

mdawaffe：「揮舞斧頭」

勃肯：嗯⋯⋯或許我這週末應該請病假，不要去波特蘭，這樣可能可以提高我活到六月的機率

勃肯：如果皮特林有把斧頭，包則有把新刀（可以加入他的「收藏」裡），那你和我也必須要有武器

mdawaffe：嗯，有道理

勃肯：嘲諷可以算是一種武器嗎？

mdawaffe：我們就把雨果推向他們然後快逃吧

勃肯：對耶，真讚

我沒辦法在波特蘭找到我們在紐約住過的那種公寓，後來發現了一間大使套房飯店，還附一間有寬敞工作空間和會議桌的房間，很適合當我們那個禮拜的總部。我剛進公司時負責訓練我的其中一個快樂工程師安德魯・史皮托，以及 VIP 團隊的程式設計師艾力克斯・米爾斯本來就住在波特蘭，他們在這次聚會中的大部分時間也加入了我們。

目標很簡單：完成 Highlander 專案的第一階段，也就是發布 WordPress.com 部落格回覆功能的全新使用者介面。自從雅典之後我們就沒再碰過這個專案，這迫使我們必須付出代價，重新在腦中回憶遺忘的所有事，不過我們只花了兩天時間，就把

功能的平衡弄得還不錯了，這讓我們還有三天可以收尾。和在紐約的聚會很像，在波特蘭的時光也大都是花在長時間工作上，我們發展出一個慣例，先集合吃早餐，再到會議桌一起工作半天，中間短暫吃個午餐休息一下，然後繼續長時間工作，最後吃頓遲來的晚餐，通常晚餐之後還會再繼續工作，直到深夜。波特蘭是個舒服的城市，很適合散步，有很多酒吧、咖啡廳、還有堪稱傳奇組合的午餐車，總是在尋找地表上最高卡路里食物的包，發現了 Redonkadonk 三明治，這是個巨大的卡路里炸彈，受到起司漢堡啟發，不過改用兩片燒烤起司三明治當作漢堡麵包，並加入 Spam 牌午餐肉、培根、美國起司來搭配一片過大的牛肉排。也有一天下午，我們溜到 Ground Kontrol 酒吧去重溫一下復古的街機遊戲還享受了啤酒。

發現一個可以長時間待著的舒適地方，為我們的聚會錦上添花，這個地方就是第二個家，我們實在很幸運能夠找到它：這

是聚會運作良好的重要關鍵。在雅典是那個提供 Mythos 啤酒和辣洋芋片的安靜陽台酒吧，在紐約是我們舒適的蘇活區公寓，這是個我們永遠無法複製的地點，而在波特蘭則是一間偏僻的運動酒吧，叫做萊利生活酒館。我們每晚都會為了迷你沙壺球桌，佔據這間燈光昏暗酒吧的後方，然後我們會聊天、喝酒、玩沙壺球直到回家時間，也正是在這間酒吧，團隊中比較安靜的成員雨果終於覺得自在，可以加入我們一起互嗆。遊戲讓大家扮演起不同的角色，丟下同事階級之間的所有包袱，如果是在一間大公司，那麼到萊利生活渡過一晚就會叫作聯誼活動，但我討厭這個詞，培養感情並不是一種活動，而是大家透過一同工作所建立及累積的善意。我們在萊利生活渡過的時光，讓我們有新的方式可以和彼此連結，並更加認識彼此，而這也是遊戲魔法般的優勢，我們去萊利生活時，很少談工作或Automattic，反而是會在深夜回到家時，擁有彼此的新故事可以分享，以及增添新的內部笑話和典故，這些最後都會出現在我們的工作互動中，讓過程變得更有趣，使我們開懷大笑、參與其中。

這些夜晚的重心是乍看之下很簡單的沙壺球，你把一枚圓盤滑過板子，並期望它會停在某個特定的區域：一分、二分或四分。但因為整個板子都充滿沙子，使得所有細微的速度和角度調整效果都會被放大，大多數的攻擊都會剛好讓圓盤滑下邊緣，如果你的圓盤真的得分了，那麼輪到另一隊時，他們也可以把你

的圓盤打下板子，隨著我們越來越上手，我們也知道如何使用圓盤來保護其他圓盤，創造出基本的進攻和防守策略，我們是二打二，第五個人負責當裁判，這也顯示了這個遊戲變得有多認真。即便遊戲一開始很有趣，後來卻變得越來越緊張，皮特林展現了他的英國特質，對所有酒吧遊戲都擁有與生俱來的熟練，而且出乎意料地也包括沙壺球，我輸給他好幾十場，有些很接近，也有些被屠虐，不過我在旅途結束之前就已經跟他在板子上算完帳了。

Highlander 專案進展得頗為順利，每一天的每一個小時我們都會把更多事項從清單上劃掉，但隨著接近最後的收尾，我們發覺好像忽視了什麼東西，某個重要的東西。在雅典時，我們就掉進了專案的陷阱，把沒人想做的小事延後到最後才做，結果就必須付出更多成本才能完成，但是在波特蘭，即便我們是從雅典那時還沒做完的地方接著做，而且也努力工作了好幾天，我們還是再次掉進相同的陷阱，專案陷阱是會不斷循環的：就算是在處理延後事項的清單，你還是會延後那些沒人想做的事。而這次出現的是個特別的專案過渡區陷阱，當大教堂的構想和小市集的實務衝突時便會發生，

· 大教堂的理想：統一並精簡所有 WordPress.com 部落格的回覆體驗
· 小市集的現實：總共有一百二十個部落格佈景主題，而每個

佈景主題都有獨特的回覆設計

和 NASCAR 類似，每個佈景主題都是獨立開發的，沒有任何人想到有人會要統一回覆功能。當時是優點的東西，也就是開發許多外觀不同的佈景主題讓使用者個人化他們的網站，現在對統一的目標來說反而成了個限制，就連折衷方案也行不通。我問麥特同不同意我們先針對前十或二十大熱門佈景主題發布 Highlander 專案，再慢慢支援更多，但他建議我們一次弄完，於是我們只能深入細節，而這對我們的士氣造成嚴重打擊。我們討論了幾個不同的方式，但是要在不同的網頁設計，也就是不同的佈景主題運作原理上測試 Highlander，而且還要在不同瀏覽器之間，我們只能手動一個一個檢視過所有佈景主題並回報錯誤，沒有更快的方式了。

而在 Automattic 文化的大勝利之下，援軍終於抵達，我們向佈景主題團隊求助，他們便把數十個佈景主題轉換成共同的程式碼，這簡化了我們的工作。接著，我們在波特蘭的會議桌上發文到我們的 P2 和其他 P2 上，請全公司的人協助測試特定的佈景主題並回報錯誤，這是我見過最長的 P2 對話串之一，總共有十四個人加入，包括安德魯和艾力克斯，並有超過六十篇貼文，每一篇都幫助我們朝目標邁進。這簡直就是虛擬版的眾志成城，整個社群拋下手邊的工作，來協助我們完成某件重要的事，這是社交團隊和 Automattic 全力發揮，這是程式設計

師、系統設計師、快樂工程師的通力合作，有些人是當面，有些人是遠距，全都一同努力實現某個宏大的構想。

但即便有這麼多幫助，這個工作還是很累人，時間還剩兩天，我必須確保我們的步調，這是另一個沒有明說的領導者職責：在休息和吃飯時間上找到甜蜜點，讓大家保持產能，不會消耗殆盡。某個晚上我便進行了團隊組長的雜務，警告所有人再十分鐘就要出門吃晚餐了，我已經學會如果我沒有大聲說出這類警告，並透過直接闔上筆電強迫他們動作，那我們就會工作到某個人崩潰、生氣、飢腸轆轆為止，並破壞一整天的士氣。那天晚上皮特林聽到我宣布時，大叫：「這是最終倒數！」並開始哼唱歐洲合唱團一九八〇年代那首荒謬的力量金屬（Power ballad）情歌，包在 YouTube 上找到那首歌，並用喇叭大聲狂放，這是結束漫長一天最完美的方式了 [8]。

8｜〈最終倒數〉（The Final Countdown）之後將成為我們的部署之歌，每當要發布新功能時就會放這首。

最後一晚，專案已經接近完成，我們於是回到萊利生活繼續最後一輪沙壺球系列賽，包和我終於在一場差距頗近的比賽中，對戰亞當斯和皮特林取得領先，這幾天我們都想要打敗皮特林，而我們都很興奮現在機會終於來了，比分依然很接近，我們持續領先，但沒有領先太多。在我們的最後一輪丟球中，我把我們最後一枚藍色圓盤丟到完美的位置，保護我們的領先分數，這是次超絕妙的丟球，把一個圓盤撞進四分區，同時又為其提供保護。包和我簡直要瘋了，比賽基本上已經結束了，換皮特林丟最後一球，但絕對不可能在板子上繞過我的保護圓盤及另一枚圓盤。

皮特林量量桌子，他的隊友亞當斯則盯著不同的角度，自以為在提供建議，我們也一樣，在這看似絕不可能輸掉的狀況下，包和我狂噴最髒的垃圾話，並互相擊掌。假設物理法則在接下來的一分鐘內不會改變，那他們能贏的唯一方式，就是皮特林丟出一個奇蹟般的曲球，繞過我上一輪丟出的圓盤，並穿過他自己另一枚同樣擋住這次攻擊的紅色圓盤，再以某種方式，運用力道以三十度彈回反方向，把我們的圓盤撞下板子，而在我們玩球的這整個禮拜裡，都還沒有人成功丟出有這一半難的球。

他量了又量，抖掉喝了一整晚酒的影響，他完全公事公辦，不回應任何我們的嘲諷或亞當斯的建議，他的目光緊盯桌子，在腦中測量角度和旋轉，接著一個最後的動作，他將手臂伸過桌子，扔出圓盤。他丟得很用力，賭的是圓盤可以像曲球一樣繞

過板子，爲可能的角度創造出剛剛好的空間，我看著圓盤移動，心想他肯定是丟太大力了，並且很有信心圓盤會像我們看過的許多次一樣掉下邊緣，但是並沒有。就在圓盤應該要維持直直往前，或是太大力衝過頭的時候，出現了不可思議的事，皮特林的旋轉完全發揮效用，圓盤穿過他的其他圓盤，直直撞上我的，我的圓盤以令人丟臉的方式飛到旁邊，由他的圓盤取代，獲得四分。比賽結束，我們又輸了。

這是我在酒吧遊戲中見過最屌的事，實在是超狂，因此比起崩潰，包和我就像其他人一樣爲這超屌的一擊大吼大叫，萊利生活的其他客人就這麼看著一群瘋小鬼在一個蠢遊戲旁邊手舞足蹈，但對我們來說這完全是另一回事，我們在後來的幾個月會狂講這個故事不下數十次。

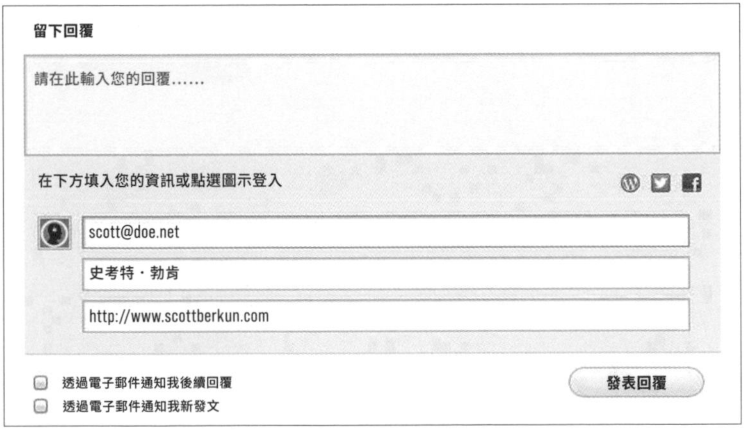

留下回覆

請在此輸入您的回覆……

在下方填入您的資訊或點選圖示登入　　　　　　　　🅦 🅣 🅕

◉　scott@doe.net

　　史考特‧勃肯

　　http://www.scottberkun.com

☐ 透過電子郵件通知我後續回覆　　　　　　(發表回覆)
☐ 透過電子郵件通知我新發文

五月二十五日，我們先在 Automattic 內部發布 Highlander，以為我們爭取更多時間去完整測試所有佈景主題，就算是在聚會之後，我們仍是持續發現各種小問題，我們將這些問題視為優先事項，並在隔週修復。六月七日時，我們向世界發布 Highlander 的第一部分，並讓架構就位，可以讓 WordPress 未來的回覆功能更棒，我們也做了好幾個 A/B 測試，以尋找精簡整個設計的方法。不過我們發現鼓勵訪客回覆最重要的因素，仍然是部落格主的貼文，使用者介面本身就只能幫到這麼多了，但即便是在發布的第一天，仍是有三十萬則新回覆透過 Highlander 張貼，而之後的回覆數量也與日俱增。

CHAPTER 22

中央社交局

二〇一一年的夏天和秋天期間，社交團隊經歷重大變動，在我們持續追逐目標，也就是改善 Highlander 專案，並使發文更加容易的同時，我們的團員名單出現了大地震，皮特林在一次和維護團隊的交易中離開了我們，我們則是得到還在讀大學的賈斯汀・史里夫，公司最年輕的程式設計師之一。我和麥特幾週前就討論過這次交易，我也同意這些變動很不錯，分享知識最棒的方式就是分享人才，雖然對於像我們這樣關係緊密的團隊來說，失去某個成員頗令人難過，但長遠來看大家都會獲得好處。我們的團隊規模也變成兩倍大，加入了程式設計師約翰・雅各比及提姆・摩爾，約翰住在威斯康辛州，擁有豐富的 WordPress 經驗，但對 WordPress.com 還是新手，提姆則來自緬因州，在大學時就做過各種工作，Automattic 是他至今工作過最大的公司，而社交團隊也會是他第一次在程式設計師團隊中工作。我很高興看到團隊成長，我們的目標一直都充滿野心，我們現在有了更多資源可以運用。

到了秋天，又是我們下一次聚會的時間，而我們選擇葡萄牙里斯本，有個很好的理由：我們的系統設計師雨果·貝塔就住在那。我們刻意讓聚會時間和里斯本 WordCamp 重疊，雨果也有協助籌辦，而且這是葡萄牙國內第一個官方 WordPress 活動，這是規劃聚會時常用的花招，讓我們透過參與活動為 WordPress 社群做出貢獻，也讓我們可以逃避新工作。行動裝置團隊的以薩克·基葉特和荷赫·伯納也加入我們，分別從瑞典和西班牙飛來，我們租了一間原本以為很寬敞的公寓，結果令我們失望的是，公寓天花板非常矮又有各種突起，這讓我們開啟這趟旅程的第一個賭局：誰會是第一個撞到頭的人？最後很多人都留下了難忘的傷痕，並在剩下的旅程中弓起背，試圖避免更嚴重的傷勢。提姆沒辦法來，所以我們在里斯本公寓陽光普照的露臺上打 Skype 給他，皮特林也一起來了，把這當成和前團隊一起進行的最後一次任務，而我也確保了在他和我們團隊周邊五公里內沒有任何沙壺球桌。

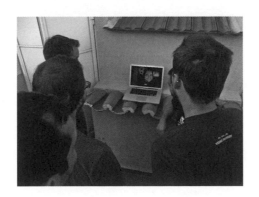

到了晚上，爲了要從工作中喘口氣，我們在里斯本漂亮的黑白石街上閒晃，到公園和主街附近販賣啤酒和零嘴的露天小店去。里斯本是個美麗也破敗的城市，我們目光所及之處，都是其航海文化留下的驕傲符號。由於很難找到和我們在雅典時一樣開到那麼晚的酒吧，賣東西的小亭子便成了我們第二個家。比起我們先前自虐的烏佐酒儀式，雨果這次帶我們喝的是櫻桃白蘭地（Ginjinha），這是一種用櫻桃做的苦甜烈酒，我們到城市內供應這種酒最古老的小酒館去喝，酒館的名字則不出所料叫作 Cafe A Ginjinha。

對我來說，我們團隊的成長代表一個重要的改變，我分給每個人的關注變少了，七個人正好處在會想分成兩個迷你團隊的邊緣，一個三人，一個四人，而新加入的成員約翰和提姆，自然而然也會需要幫助以跟上團隊的步調。面對這個新挑戰，我最明智的解決方式就是創造空間，讓新的領導者站出來，我指望

的是亞當斯和包，在來到里斯本的幾個月前，我就常和他們在Skype 上聊天，討論比他們的工作事項更重要的問題。他們協助我管理聘用新人的測試專案，並在困難的決策中提供建議，我很仰賴他們，隨著皮特林離開，我很容易就把他們視為我的資深幫手。

過渡到管理更大的團隊，提醒了我當一切都很順利時，管理是很簡單的，世界上數以千計的管理者從健康的公司接手健康的團隊，沒有貢獻什麼功勞，只是因為在正確的時間出現在正確的位置，就獲得豐厚的報酬。某些擁有絕佳名聲的人，真正厲害的並非才華和技巧，僅只是他們擁有絕佳的能力，可以選擇正確的時機加入及離開特定的專案而已。不管在哪裡都一樣，在評量管理者的工作時，很少對他們接手時的情況，以及他們面對無法控制時的情況，給予充分的考量。我們全都在最膚淺的層次上去判斷別人的能力，如果結果很棒，我們就會稱讚；如果結果很爛，我們就會批評。我們很少信任腦海深處的直覺，誰輸誰贏並不是這麼一目了然。我們在職場上常會聽說有人受到不公平對待，必須為能力不足付出代價，但那根本不是他們的問題；也有一些人會到處跳槽，彷彿鍍上了一層鐵氟龍，為每一次的轉彎帶來悲慘和沮喪，卻仍能毫髮無傷、步步高升。

這並不只是在抱怨，比較像是我的觀察。單是從組織外部觀看結果，不會知道什麼有關領導者的事，主管、籃球隊教練甚至

一國元首的職責都需要好好研究才能評估。或許這些人有很棒的支援團隊，緩衝了組織的其他部分，不會受他們的無能影響，也可能他們的聰明才智受到比他們先來的同事傳出的醜聞、陰謀和災難所粉碎，這是沒人可以克服的挑戰。能協助你找出真相的其中一個線索，就是看一名領導者怎麼處理出錯的事，不是在人群面前上演的戲碼，而是在沒有觀眾的日常會議和決策中，如果他們真誠地分享功勞，受到責難時也一肩扛起，那可能就是一個全心投入，想把事情做好的人。一個幫大家開路的領導者，也會鼓勵其他人效法，正是這類微小的習慣，能夠協助一個文化遠離無意義的互相卸責和閃躲責備，並朝一種具有傳染力的信心邁進，讓你相信你這輩子最棒的工作很可能就是現在。沒有東西擋路的感覺，是大多數人都不常在職涯中感受到的，甚至可能從來都沒有感受過。

事情隨時在改變，這使得在 Automattic 工作相當有趣又充滿挑戰，你永遠不會知道這個禮拜工作會朝你丟什麼過來。雖然我們的目標、麥特和史奈德的支持、P2 和 Skype 的基本機能、持續的部署都頗為穩定，但還是有很多東西不斷變動。為一個線上服務工作，表示每一天，有時候甚至是每一個小時，都會有資源變動，包括修復緊急的錯誤，或是協助另一個陷入困境的團隊。亞當斯和包常常以專家的身分去協助快樂團隊修復某個困難的問題，或是和 VIP 客戶開會教他們使用。這是 Automattic 運作方式的一部份，你必須適應，你投注的心血通常都會回來，甚至會得到更多回報，如同社交團隊也常常受到 NUX、數據、佈景主題、快樂等團隊的幫助。

團隊聚會對我來說總是十分特別，並不只是因為我們樂在其中、產能也很好，也在於聚會為實驗提供了特別的機會，如果大家都身處同一個空間，會比較容易得到針對團隊運作方式的回饋，並依此調整。人生其實很難得到回饋的，很容易假裝在回饋，任何人都可以跟某個同事說：「你對我有什麼建議嗎？」同事則會回答：「沒有，還好。」然後換你說：「OK，讚哦，謝啦！」在驗證了你認為自己很棒的所有錯誤假設後接著走開，繼續下一年。事實查核則是考慮如果他們願意接受，你有多少事想對和你一起工作的人說，那些你害怕提起、卻能幫助他們工作表現更好的事。

Automattic 也是個很難得到回饋的地方，你必須在 Skype 中開出一條路，自己去尋找。身為領導者，我知道我的工作便是擔任團隊成員主要的回饋來源。到了里斯本時，我已經做了夠多實驗，並在我們的聚會中建立了三項傳統，確保高頻率且高品質的回饋管道存在。

一、**第一夜晚餐**　我總是會請大家在第一天下午前抵達，這確保我們第一晚可以一起吃頓豐盛的晚餐，展開這個星期，我們會更新一下彼此生活中的大小事，重新建立起連結，不需要任何行程表。

二、**在第一晚決定好專案**　第一晚唯一的強制主題，就是決定我們這週要做哪個專案。這個決策算是某種詭計，因為我總是早在我們抵達之前，就知道會是哪個專案了，我運用這種懸念引蛇出洞，聽聽他們對什麼感到興奮，我同時也想看到他們向彼此及我推銷，看看他們為什麼覺得某件事比另一件事還重要。

三、**一對一談話**　在聚會期間，我會安排時間和每個人私下談話，談話主題和我每個月在電子郵件裡問的四大個人問題相同，什麼事進展不錯？什麼事進展不太好？你想要我在哪邊做更多？你想要我哪邊管更少？

我心裡還有另一種特別針對亞當斯和包的實驗，我能幫助他們

成為 Automattic 未來的組長嗎？首先，這在短期內會為我和社交團隊帶來幫助，其次，而且對 Automattic 來說更重要的是，我可以讓他們開始用領導者的觀點看事情，坐在組長的椅子上事情會截然不同，我想要他們坐得舒適。分開工作時，我常常會在整組的會議結束後，馬上找來亞當斯或包，也可能兩個都找，並對即將到來的禮拜展開一場完全不一樣的對話，我需要他們讓其他人學會規則。我讓包和約翰一起工作，亞當斯和提姆一起工作，賈斯汀則讓我們所有人都頗為驚訝，毫無障礙就迅速融入，而且他很快就以團隊中產能最高程式設計師的身分，開始安排我們的工作步調了。

提姆和雨果都花了一番功夫才適應 Automattic，他們看著我們和其他人在 P2 上的活動持續流過，卻不知道怎麼樣才能參與其中。要適應他們的夢想工作，兩人都頗有壓力，因為他們都是多年的 WordPress 粉絲。而且由於知道所有人都看得到 P2 上的內容，新人身上常常會出現某種心理困境，在一個你沒有太多貢獻的地方，很容易就會困住，但你又太害怕，在這麼陌生的環境不敢放手一搏。我的工作便是從他們在快樂團隊的受訓結束之處接手，雖然因為我是個系統設計師，所以更知道如何幫助雨果，但他們兩個人的戰術守則是一樣的：

一、把任務切成小任務
二、如果沒有進步，就回到第一項並重覆

WordPress 的程式設計師通常喜歡迅速進行原型開發，因為網站開發傾向於快速驗證。但提姆和雨果更注重井然有序的方法，提姆必須先深入研究程式碼庫，才會覺得舒適，可以進行修改，我在他剛進來的前幾週和他一起工作，處理範圍比較限縮的任務和尋找現行程式碼庫中的錯誤，並在他覺得舒適的程度和我們必須完成的工作之間，找到甜蜜點。我也讓亞當斯指導他，回答我不會的寫程式問題，同時提供一個可以效法的榜樣，讓他了解 Automattic 對程式設計的態度。進展起初頗慢，但提姆之後負責 Jetpack，並且很快就成為處理持續的錯誤修復和調整程式的主要人員，加上他從團隊其他成員那裡得到的穩定支援，他的信心和產能也隨之提升。

而對雨果來說最大的發現是，自己在展示所謂半成品的東西時不會不自在。在創意家之間很常見到的弱點就是，不管是系統設計師、作家、程式設計師，都會羞於展示半成品，創造者熱愛控制他們的每一個像素和位元，而要在完成前分享作品，就是要他們放棄所有控制感。但是在任何公司的任何專案中，擁有一名系統設計師的價值，在於可以及早讓他們參與，他們可以用其他職位做不到的方式在草圖中試驗新的構想，速度更快成本也更低。身為作家，我完全知道要用文字表達出構想，有多麼受限，在雨果加入前，一直都是由我負責為其他人畫出我們在 P2 上討論的構想草圖和模型。

雨果一得知張貼手繪的草圖和構想，能幫上多大的忙之後，即便他是在描繪其他人的構想，心情仍是非常雀躍，這告訴他草圖「正不正確」並不重要，重要的是他的草圖改善了溝通的品質，而且也總是如此。他和包在 NASCAR 及其他專案上合作愉快，總是擔任把模糊的構想轉為清晰的角色，獲得我們的信任，如同瓊恩早先在 Jetpack 專案做的一樣。除此之外，他讓我們的工作成果看起來很棒，在他帶我們到里斯本的 A Tapadinha，一間他為了向我們的團隊名稱致敬找到的超讚俄羅斯主題餐廳後，他借用了餐廳的某些蘇聯美學，來重新設計我們 P2 的佈景主題。

在里斯本時，我們也嘗試了另一個實驗，就是使用我們信任的 P2 和 Skype 或 IRC 連續技以外的工具。我們都聽說過許多宣稱可以促進合作或工作流程的新工具，我想看看這些工具能不能幫到我們，但經過好幾個小時的嘗試後，結果非常明顯：這是場災難。在連線問題、延遲、相容性、使用性問題之間，我們花在試著讓這些工具穩定運作的時間，比實際用在我們專案上的還更多，我確定這些工具有條學習曲線，但 P2 和 Skype 的可靠性和速度輾壓了我們試過的所有工具。所有有趣的功能，比如虛擬白板和七方視訊會議，都必須付出惱人和延遲的代價，造成的問題比本身的價值還多，我們實驗成果的可悲遺跡，就是在將近兩個小時之後，我們有一個視窗的虛擬白板塗鴉可以證明我們奮鬥過了，這個實驗在神聖不可侵犯的大企業無線網路環境中，結果可能會更好，但我的團隊在世界各地趴趴走，這些工具根本不可能存活。

里斯本之旅結束兩個月之後，社交團隊會在布達佩斯的公司年會再次集合，公司已經成長到超過一百人，是我進來時的兩倍。之所以選擇布達佩斯，是因為有三分之一的員工住在歐洲，而且先前所有的年會都在北美洲。

不像上次在海濱鎮的年會，我們這次有幾個新的重大事項：

一、在這次年會期間，所有人都會在新分配好的團隊中工作。

二、負責的專案會由麥特根據建議挑選。

三、每個團隊都會有個新組長，由之前從未當過組長的人擔任。

四、每個團隊在最後一天，都必須向全公司發表成果。

五、目標是在成果發表前發布某個東西。

這超讚的，海濱鎮的年會很順利，這次的年會提高了風險，但我喜歡這一切，更棒的是，麥特還給了我一個禮物：他分配了一個專屬的業餘專案給我。如果你還記得，我想要改進使用者發表一篇新部落格貼文的流程。

以下是我的部落格理論，這是這本書提到的最後一次了，

找到想法→打草稿→編輯貼文→發表→希望有事發生

在克服這重重障礙之後，WordPress 不會給你任何獎勵，說你做的好棒棒。應該要有煙火、讚美、跳舞貓貓，任何能讓你期待下次回到這個視窗的東西才對。我和皮特林一起合作了好幾個月，想辦法改進，維護團隊也進一步發展了我們的成果，但還是有很長一段路要走。

我在布達佩斯分配到的是後後現代主義團隊，我們的目標是改善在貼文後的貼文，也就是你發了某個東西之後看到的東西。團隊組長是莫‧珍達（VIP 團隊，住在多倫多），成員包括達瑞

爾・庫柏史密斯（.org 團隊，住在舊金山）、馬蒂亞斯・文圖拉（佈景主題團隊，住在烏拉圭）、尚恩・安德魯斯（VaultPress 團隊，住在紐約）、朗・哈斯坦（快樂團隊，住在以色列），我們在第一天認識彼此，接著上工。

一個新團隊面臨短期死線逼近的第一天，是個非常迷人的人類學實驗，每個人都試著弄懂其他人，誰有才華、誰有相同的品味、誰好相處、誰難相處、誰有地位，同時還要試著搞懂專案本身。而在 Automattic，還要加上每個人重新學習如何在同一個實體空間中合作的挑戰，口頭說服力將會帶來不同的影響。我馬上就欽佩起達瑞爾和馬蒂亞斯，他們喜歡苦幹實幹，而且歡迎其他人指教他們做出的所有成果。莫協助我們建立步調，

確保每個人都有任務在身，並持續往前走。隨著新構想出現，並生出原型，我們以一種大雜燴亂糟糟的方式慢慢向前，粗淺的共識就是當天使用的方法。

我們必須要做的重大決策，便是要採用哪一種使用者介面模型，我們有幾個構想，我遵循自己給雨果的建議：要讓東西看得見，所以全畫出了草圖。一開始的設計是 B：在編輯視窗上方會出現一個小欄位。但莫和其他人覺得我們應該加倍下注，所以贊成設計 C：用使用者實際的貼文完全取代編輯視窗。這背後有個很有力的支持，因為數據顯示有百分之二十五的使用者會馬上就去看他們的貼文，我們打賭這應該是要檢查有沒有打錯字，並且沐浴在他們終於完成大作的榮光之中。達瑞爾認為我們可以稍後再來進行這個重要的決策，比較困難的部分會是決定灰框框的功能：獎勵應該要是什麼？我們要怎麼獎勵使用者的成果呢？

每一天都是一場衝刺，在一起開會、在 P2 上工作、在 Skype 上講話之間跳來跳去，焦點也慢慢從馬蒂亞斯、尚恩和我所做的模型，轉移到莫和達瑞爾負責的程式撰寫。我們還加了一個分享欄位，這是根據我們擁有的使用者習慣相關數據，他們想要在臉書和推特上分享他們的成果，要是他們打開 Publicize 功能，我們就會顯示這篇新貼文已經自動分享給他們社群媒體上的多少人閱讀。

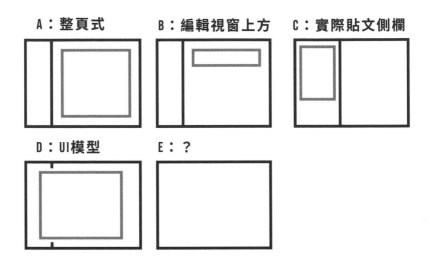

A：整頁式　　B：編輯視窗上方　　C：實際貼文側欄

D：UI模型　　E：？

這是一次工作旋風，莫、馬蒂亞斯、達瑞爾做的比我們其他人還多，雖然我也製作了視窗模型、為構想爭辯、找到一堆錯誤，不過是這三個人讓在聚會結束時發布成果的希望成真。莫請我作為代表向全公司發表，在我準備的同時，還不確定我們究竟能不能準時發布，我站起來發表的前幾分鐘，莫終於想辦法發布了所有東西，我們的造物問世了。隨著我一邊展示成果，我也驕傲地說明我們的成果已經向全世界百分之十的 WordPress.com 使用者發布，追蹤器也已經擺好，這樣我們就能觀察這群樣本對我們做出的所有調整有什麼反應。

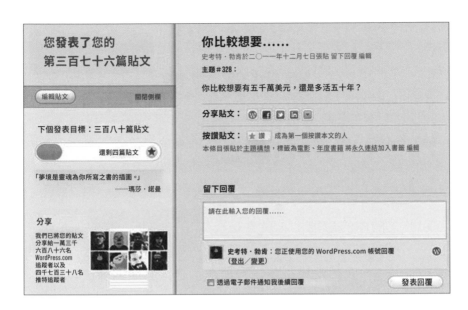

在六天內，五個從未共事過的人，一起計劃、設計、發布了一個數百萬人將會使用的功能，在所有我身為團隊領導者的規劃、設計、影響之外，有時候要產出優質的成果，你需要的就只是才華、混亂、化學效應而已。在這之中最難以置信的，是十二個團隊中的所有人，那天都成功向世界發布了他們的專案。我們不可能每個禮拜都重演像這樣的衝刺，但一次嘗試這麼多實驗所帶來的興奮，為所有人注滿了接下來好幾個月的活力。

CHAPTER 23

離別夏威夷

我和社交團隊的最後一次聚會是在二〇一二年一月的夏威夷，我不記得我們為什麼選夏威夷了，不管事後怎麼合理化都與實情相距甚遠，我們就只是想去夏威夷而已。其他團隊已經去過，在雨果最近搬到舊金山後，我們團隊的大多數成員都在西岸，我們告訴麥特，也試圖說服自己的理由，是每次聚會都要根據優先順序更換地點，我們會在異國情調的地方（雅典、里斯本、現在的夏威夷），以及實用的地方（波特蘭和紐約）之間輪流選擇。假設我們可以租一棟便宜的房子，並且很多餐都自己煮，那麼對七個分布在美國各地的人來說，夏威夷比起其他地方並不會比較貴。於是我們租了一間在廚房擁有絕美窗景的房子，窗外便是所謂的友誼樹，我們在幫自己做晚餐時，會看見當地人在樹下和朋友會合去衝浪。

這次聚會的挑戰，是在幾個月前我就知道我是時候該離開了，我本來只預計幫 Automattic 工作一年，但這個日期早就已經

到了，而且也過了很久。麥特會定期問我要不要承擔更多責任，並管理社交團隊之外的團隊，即便每次都充滿誘惑，但我都拒絕了他，這些對話提醒了我必須要有個脫逃策略。

在我人生擁有的許多夢想中，開發出優質軟體是其中之一，但最巨大、最瘋狂、最值得去追逐的夢想其實是作家生涯。如果我在職涯上最想要的是開發軟體，那我可能會留下來，但這並不是我最大的夢想。我已經待得比預期還久了，我們都想像會有個天使從天上飛下來，讓我們知道是時候做出心中渴望太久的改變，但這個天使永遠不會降臨，因為根本就不存在，這是源於我們對自身想法缺乏信心的幻想。對我來說，離職代表著我可以開始撰寫一本有關我在 Automattic 時光的書，我認為

這是個比起我參與再多團隊，都更爲重要的貢獻。

優秀領導者最後的任務，便是確保他們離開之後事情仍會順利，許多傳奇領導者都在這點上失敗：亞歷山大大帝、凱撒、拿破崙，以及歷史上幾乎所有君王都是。不管在他們統治期間有多少豐功偉業，多數都會遭到後繼者破壞，正是驅策偉大領導者的同一種自尊，最後擊敗了他們，因爲他們沒辦法接受某個人會取代他們這件事。在所有長期領導者的思維中，都必須包含繼承的規劃，而且現在就必須搞定，並非所有領導者的退位都是自願的，不管是因爲生命之中的布魯圖 9，或是你跨越那條走過上千次的街道時，忘記注意的那台公車。

二〇一一年底，大約是我們在布達佩斯的那陣子，我告訴麥特我很快就會離職，我們在 Skype 上聊了很久，討論應該由誰承繼我組長的位置。我們有兩個人選：亞當斯和包。從我自己的角度思考，我不管替誰工作都會很開心，他們都擁有正確又豐富的技能、態度、興趣，可以做得比程式設計更多。最後我們選定亞當斯，部分是因爲他在公司的資歷，但如果要分析到這麼深入，就會搞得很麻煩。麥特同意，之後就是我的事了，我不確定亞當斯想不想要這個職位，我必須在團隊的任何成員搭上飛機到夏威夷會合前，確保所有細節都搞定。

提供亞當斯這個工作，代表會透露我要離職的消息，一旦這被

---

9 ｜ 羅馬共和國晚期的元老院議員，組織並謀殺了凱撒大帝。

說破，最好是盡快讓所有人知道這件事，你不應該期待讓任何人擔負重擔，去保守他們同儕會想要知道的祕密。我和亞當斯說開，解釋了情況和這項提議，他短暫地思考了一下，然後說好。下一步是告訴包，他應該第一個知道，並直接從我這裡得知這個消息，我們用 Skype 語音通話聊，我盡力解釋了一切，也已經向麥特建議盡快讓包擔任組長，更確保包也知道這件事。我請他保密，讓其他組員也能享有我給他的禮貌，也就是從我這邊親口得知消息，同時我也鼓勵亞當斯去和包聊聊，把任何可能出現的尷尬都迅速化解掉。他們本來就是好朋友，早在社交團隊存在之前就是，他們越快開始聊未來的規劃，情況就會越好。

第一個晚上，在所有人抵達我們的海邊房屋之後，我把大家一個接一個拉到泳池旁，告訴他們這個消息，有些人很驚訝，其他人則是因為認識我夠久，覺得這早就昭然若揭了，比如雨果。即便 Automattician 間應該頗為混亂，他們還是頗能接受這個消息，大家都知道了之後，我們吃了一頓豐盛的大餐，並為亞當斯成為中央社交局的新一任沙皇敬酒。我們一起煮出巨無霸、美味、一臉不健康的肉類餐點，從烤箱拿出培根盤、新鮮酪梨醬、牛排，和大學生一樣用紙杯喝瑪格麗特調酒（賈斯汀也真的還是大學生）。我們把這裡當成自己的家一樣，我們還吃了找得到的各種口味的 Oreo，並希望其中許多口味，特別是草莓夾心，永遠都沒有被發明出來。在一個我們外出用餐的罕見夜

晚，我說服餐廳老闆讓我們團隊在廚房裡拍照，這是我拍下的最後一張「○○中的○○照」了。此外，VIP 團隊的程式設計師丹尼爾‧巴楚伯也在夏威夷，並加入我們的行列。

麥特隔天打了電話過來和團隊聊聊，並回答所有有關組長更動的問題，他做得非常好，這恰恰就是所有新上任組長需要的，向所有組員證明變動得到公司背書，同時也賦予亞當斯權力，讓他擁有所有需要的支援，以便有個好的開始。

我對這次聚會的計畫是來個最後的實驗，如果我教我的團隊一些技巧，關於怎麼從整體觀點思考 WordPress，那會發生什麼事呢？不是有關個別的功能，而是有關所有功能怎麼合在一起。有數十種酷炫的方法可以教導人們用這種方式思考，我對聚會的規劃就是教會我的團隊其中一些。這整個禮拜，我們會走企業模式：我有翻頁板、一台彩色印表機、一個超大 LCD 螢幕，我們會一起合作，練習重新評估 WordPress 有多棒。甚至早在我們開始之前，這個實驗就已經在心理層面上帶來效果了，所有人都很困惑為什麼我要買印表機、螢幕、翻頁板這些上個世代的遺跡。他們問「這是要幹什麼？」、「你是發生什麼事了？」在抵達的第一天，這變成了一個全新的內部笑話：史考特是（比平常更）起肖了嗎？我牢牢保密，不想在他們親身參與之前就揭曉我的實驗。

我們每天早上都會走一次所謂的使用者體驗流程，澈底檢視某個功能，詳細記錄使用者必須做出的所有行為和決策，每次只要一發現令人困惑的事，就會停下來，印出來，然後掛在牆壁上，並記下我們發現的使用性問題。有幾天我們都撐不到十秒鐘，就會因為某些明顯的使用性問題拍響自己的額頭，每天早上我們都會挑一個不同的功能走一次，同時我也會用 usertesting.com 幫同一個功能找個真正的使用者，安排一次線上使用性測試。走完流程之後，我們會觀看真正使用者使用的影片，將其經驗和我們的比較，接著在下午時，每個人會挑一個問題進行修復，並在 P2 上把其他所有我們沒有處理的問題列成一份清單。

對於不知道使用者竟然必須理解這麼多小事情，才能完成某些基本功能，我們全都瞠目結舌。顯然有數百萬名使用者確實

完成了，但我們很確定這個體驗的困難度超出必要。這甚至都不是哪個人的問題：隨著時間經過，許多最簡單的功能就只是被各種外掛程式塞滿，每一個還都是獨立加入的，就像 NASCAR 之前一樣。我讓大家做的最後一個練習是個基本的規劃遊戲，我們從 P2 上的功能構想清單中找出最重要的，並討論哪些構想最適合達成我們的目標。我們把每個構想寫在便利貼上，排好先後順序以供明年參考，所有人隨時都能調整順序，整個禮拜的時間內都可以。

就像蟻群在搬動樹枝，我們各自都會將清單推往某個方向，其他人則推向另一個方向，順序起初每隔幾個小時就會變動，但最終仍是受到一個合理的計畫吸引而去。那個禮拜過到一半時，我把亞當斯拉到一旁，告訴他時候到了，如果他準備好了，我們就應該宣布現在換他當家，看見我跟隨他的領導，對大家來說是件好事。我的角色也將轉為團隊中一名單純的系統設計師，反正我已經要走了，如同我先前學到的，和人們實際互動總是會有更多回饋。亞當斯越快獲得經驗，情況就會越好，這是我第一次不在專案中扮演領導角色，上一次已經久到我記不得了，這一切感覺很棒，我以前從來沒見過有領導者退下來後還待在同一個團隊中，這又是另一個實驗了。

在海灘旁工作的優點多到講不完，我從沒見過我的團隊如此放鬆，又在需要的時候有這麼高的產能。我們在夏威夷的第二個家不是夜店或酒吧，而是大海，我們會在早上和下午時休息去游泳，海浪會讓所有人平靜下來，沖掉我們心中所有來自那天工作的壓力。雖然我們在夏威夷沒有寫太多程式，但我們花在檢視視窗、聊天、討論未來、從宏觀的角度思考 WordPress，而不是只思考功能的那些時間，可能比我們之前發布過的所有功能都還要重要。可能會需要點時間吧，但我希望我種下了一些種子，可以在來年開花結果，而且就算大家覺得這全是什麼大企業的鬼話，他們也必須尊重我願意去嘗試一件這麼瘋狂的事。

最後一晚的凌晨兩點，我們發現自己都來到外頭的海灘，空氣溫暖又安靜，唯一的聲音只有海浪拍岸聲，滿月徘徊在上方，在我們聊天時投下一道輕柔又溫暖的光線。我們都知道明天必須早起趕飛機，但這是最後的相聚時光，所以我們不想說再見，

工作、玩水、再次工作到深夜那漫長又充滿張力的日子已經結束了，我站在月光下，迷失在自己的體悟中，這一晚、這次聚會、我的組長任期、還有我在 Automattic 的時光，全都即將結束。有個時刻我永遠不會忘記，我們全站在外頭的水邊，玩著我們用最後一次共飲的髒紙杯堆成的垃圾沙堡，然後就這麼不發一語地站著，傾聽海浪拍岸的聲音。

CHAPTER 24

工作大未來

（三）

我無法在本書的最後一章，也就是本章中，告訴你只要複製 Automattic 做過的事就好，這麼跟你說是很蠢的，因為每間公司和每個人都是獨一無二的，但我可以告訴你這件事：Automattic 回答了許多工作世界不敢提問的重要問題。

我們對工作抱持最危險的傳統觀念，就是工作必須要是嚴肅無意義的，我們認為別人付錢給我們，是我們做了這些本身不值得的工作的補償，薪水最高的人通常也是最困惑的，因為他們深知他們做的事情有多麼沒意義，不管是對別人或對他們自己來說都是。即便金錢帶來地位，地位卻不保證意義，他們之所以領高薪，是因為工作無法為他們的靈魂帶來補償，當然有些人沒有靈魂，但這已經超出本書探討的範圍了。在那些擁有靈魂、高薪卻仍充滿空虛的人之中，他們可能在錯誤的途徑上尋求意義和滿足，卻不願面對這樣的事實。

我先前在本書中解釋了數據驅策思維的危險性，以及為什麼最重要的事最難用數據捕捉。雖然我們有種衡量財富的共同標準，稱為金錢，卻沒有衡量意義的同等標準。意義非常私人，人生也沒有一體適用的意義，而是有各種象限，對每個人來說都不一樣。對那些認為人生中的一切，都是依賴純粹理性運作的人來說，「意義」、「熱情」、「靈魂」這類情緒性字眼相當恐怖，由於意義沒有共同的標準能和看似實在的收入比較，因此我們便陷入了數據陷阱。我們的社會文化和煩人的父母，將我們推向那些似乎可以得到高分的決定，卻對健康職涯和充實人生最重要的元素視而不見，你當然可以找到同時提供金錢和意義的工作，但會需要更多努力。

很多人都認為綜觀人類歷史，工作很少為人們帶來意義，然而這是錯誤的，工作的歷史起源於生存，人類狩獵採集為的是存活，工作和人生其他部分並沒有什麼差別，這不但沒有讓人生變得悲慘，很可能還讓人生變得更有意義。所有行為無論有多困難，對個人來說都存在重要性，用你的雙手去抓魚或是建造避難所，會帶來深切的滿足，而多數高薪工作永遠都無法提供。我個人是不會這兩項技能啦，包可能會很失望，但我能分辨出哪些工作對我來說是重要的，其中的差異便決定了我的職涯選擇，我犧牲的收入能以錢買不到的東西作為補償。

理查‧丹肯在《工作大歷史》中描寫了澳洲依尤倫部落的古老傳

統，該部落是於一九〇三年首次被發現，此前從未受現代人類文明影響。而他們的文化中，並未特別區分工作和玩樂：

他們確實有個詞，叫作「woq」，用來形容各種任務和雜務。但這些雜務，這個 woq，並不包括狩獵，他們並不把狩獵採集社會中最基礎的活動視為工作，現代社會中的工作，似乎是某種他們寧可不做的事情。「某種我寧可不做的事」，對我們大多數人來說，難道不就是工作最廣為人知的定義之一嗎？

按照這個邏輯，Automattic 這類公司是在把工作帶回其根源，讓工作擁有意義，並讓勞工擁有莫大的自由且對工作本身感到驕傲。這不是什麼新穎又激進的概念，反而是深植在工作的根源中，我們只是一時迷失了而已。過去兩個世紀以來，工作變得越發抽象，這在某種層面上來說，當然是種進步沒錯，更少人會曝露在危險又辛苦的勞動中，至少在第一世界是這樣。但是同時，我們也失去了過往工作曾經為我們心靈帶來的好處。馬修・柯勞佛在《摩托車修理店的未來工作哲學》，這本恢復所謂藍領工作所失去的價值的著作中，便指出我們有多常嘲諷現代工作空間的空洞：「《呆伯特》、《我們的辦公室》和其他流行文化對辦公室生活的描繪蔚然成風，在在證明了許多美國人對他們白領工作所擁有的黑色幽默。」工作是直到過去一百年才變成這個樣子的，在好幾個世紀以前的文明中，有更多人擁有能為我們帶來驕傲的技藝和技能，可能正是因為像 Automattic

這樣的前衛公司，想法較爲開放，科技才能帶回我們在工作中失去的某些意義。即便工作仍然是以量爲基礎，比如在快樂團隊回覆客服票券，但是提供了一個成果至上的文化是一個解決方法，讓人們有權力去尋找自己什麼時候要工作，以及要在哪裡工作，仍是對所有人都有好處。

說到工作必須相當嚴肅的假設，這本書的草稿我收到的其中一個批評，正是我和社交團隊到底花了多少時間一起玩樂？很少商管書籍會提到同事之間的關係，彷彿他們是機器人一樣，就算是那些著名的專案也不會提。要誠實講述一個團隊的故事，而不去提那些發生在工作與生活中「正事」之外的事，根本是不可能的，Automattic 的創立就是要消弭這些界線。幽默正是我們團隊主要的力量，這不是說請小丑在你公司的走道上走來走去會有幫助，但是不把快樂視爲高品質工作的重要元素，絕對是個錯誤。幽默、說故事、歌謠是幾千年前人類在火堆邊發展出來的社交技巧，那時我們正是在從事保暖及以煮食維生的重要工作。工作和玩樂互斥的概念，其實是非常晚近才發展出來的。透過玩樂認識自己和彼此，這反而能協助我們一同合作，當然不是所有人都相信這套，但我相信。

由於 Automattic 的開源路線和言論自由的願景，工作意義其實很容易找到，很少其他組織擁有這樣的根源，但是所有領導者都可以選擇爲長遠作打算，Automattic 中最深刻的東西，

就是對組織永續願景的重視。所有津貼、好處、實驗，最後都會回到其承諾建立一間可以在未來屹立多年，甚至數十年的公司。擁有深厚的價值是個啟發長遠思考的方式，所有優秀的領導者都可以找到同伴，但永續的承諾需要短暫的犧牲，問題在於，我們願不願意進行交易呢？

尾聲：他們都去了哪裡？

二〇一一年在布達佩斯時，我主講了一場演講，主題是「我怎麼領導社交團隊」

麥特請我在公司年會的開幕式上演講，概述我怎麼定義我的角色，以及團隊如何運作，那次演講的報告成了《公司員工手冊》的一部分，其中的某些構想也收錄在本書中。

我在二〇一二年五月離開 Automattic

一月卸下組長職位後，我以系統設計師的身分待在社交團隊中，並頗為享受十七年來第一次可以在團隊中擔任純粹的個別貢獻者。當雨果和我的進度領先團隊時，我就會把精力放到別的地方，試圖說服其他團隊正視優化使用者體驗的需求，並負

責 WordPress.com 最初的某些使用性測試。我離開公司後，回來繼續我的作家生涯，撰寫我的第五本書，就是你現在已經快要讀完的這本。

Highlander 專案是個不大不小的成功

這個專案確實達成了某些我們統一的目標，但是從未帶來我們期待的回覆浪潮，不過我依然認為算是成功，我們的野心一直都和平台有關，我們的成果大幅精簡了未來改善的方式。迄今已有將近八億條回覆透過 Highlander 張貼，這個專案對外的名稱叫作 WordPress.com Comments，屬於 Jetpack 的一部分，供所有 WordPress 部落格免費使用。

Jetpack 是 WordPress 史上人氣最高的外掛程式之一

我離職之後，社交團隊和 Automattic 的其他人持續添加功能，推廣其使用。現在對許多網頁開發者來說，這都是他們會為客戶安裝的第一個外掛程式，麥特也認為這是 WordPress 未來重要的一部分，因此持續投資。

皮特林、雨果、提姆、約翰和其他所有這本書中提到的員工，仍然繼續在 Autoamttic 待得好好的

諾埃爾·傑克森則於二〇一一年離開公司，現在是個獨立網頁開發者暨音樂家。

麥克·亞當斯領導社交團隊超過一年

他最近選擇加入公司的另一個新團隊，從事新的專案，這對他來說當然是個很棒的實驗。讓我高興的還有二〇一三年三月，包·李本斯接任他的職位，成為社交團隊的第三任組長。安迪·皮特林則成了 Triton 團隊的組長，負責讀者專案，目的是精簡閱讀部落格的方式，新設立的 Jetpack 團隊則是由提姆·摩爾領導。

截至二〇一三年五月，Automattic 共有一百七十名員工

公司持續成長，WordPress 本身也是，每一秒就有兩個新部落格在 WordPress.com 上創立，有關 WordPress 的最新數據可

以到以下網址取得：http://en.wordpress.com/stats/。每個月有將近四億人造訪 WordPress.com，閱讀大約四千萬篇部落格新貼文，歡迎到 http://www.wordpress.com 去創立你自己的部落格。

二〇一一年，Automattic 被迫搬離他們的總部

舊金山市政府以安全為由關閉了整座三十八號碼頭建築，他們在豪森街設計了一座新辦公空間，並於二〇一三年五月啟用，還有一張繪有 Automattic 商標的沙壺球桌，參見：http://www.wpdaily.co/automattic-office-san-fran/。

參考書目

多數有關重要專案開發過程的書籍都是以第三人稱敍述,通常還是由記者而非開發者本身執筆,他們顯然把自己最犀利的言詞,換成了能夠書寫專案開發歷程的機會。因而很難找到有關專案如何開發,優質又誠實的著作。在我的職涯中,我一直很想看見有一本這樣的書,是由某個親身參與這類專案開發的人撰寫,並且可以誠實記錄他們的經驗,不管是從觀察者或參與者的角度都好。當我發覺我有機會寫出這麼一本書的時候,我便研究了記錄專案的報導格式以及第一人稱敍述的技巧。

崔西・基德(Tracy Kidder)的《打造天鷹》(*The Soul of a New Machine*,*Back Bay Boos*,2000)定義了科技專案書籍這個文類,而且當你想到基德描述的前 PC 運算時代文化,今日仍然存活於世界各地的新創公司中時,本書的價值便得以彰顯,依然穩坐第一寶座。

我也讀過重要公司剛創立時的員工以第一人稱角度撰寫的書籍,包括詹姆斯・馬可斯(James Marcus)的《我在亞馬遜 .com 的

日子》（*Amazonia*，New Press，2005）、道格拉斯·愛德華斯（Douglas Edwards）的《我感到幸運》（*I'm Feeling Lucky*，Mariner Books，2012）、凱瑟琳·露絲（Katherine Losse）的《孩子王》（*The Boy Kings*，Free Press，2012），他們故事的主軸都不是有關開發、創意、團隊合作，從而我知道這些主題必須是本書的重點。

有段時間，我希望這本書可以花更多篇幅探討開源的哲學，因此啟發了我去研究這項運動的起源，電影《作業系統革命》（*Revolution OS*，http://www.revolution-os.com/）為這段歷史提供了最佳的介紹，卡爾·佛格（Karl Fogel）的《開發開源軟體》（*Producing Open Source Software*，O'Reilly Media，2005）則是精準描繪了優質的開源專案應該要擁有的專案管理觀點，我在 Automattic 見證的許多習慣，他都在書中以步驟的方式描述。我多年前便曾讀過艾瑞克·雷蒙的《大教堂與市集》（*The Cathedral and the Bazaar*，O'Reilly Media，2001），但又再次重讀，因為雷蒙定義的對比對我的觀察非常重要。

對這本書採用的形式貢獻最多的，是來自閱讀各種其他文類的第一人稱及第三人稱記錄，我一直以來都很欣賞記者泰德·康納瓦（Ted Conover）的著作，並重讀了他記錄自己獄卒生涯的精采作品《新手》（*Newjack*，Vintage Books，2011），我還重讀了

喬治·歐威爾的《巴黎倫敦落拓記》(*Down and Out in Paris and London*，Mariner Books，1972)、安妮·法蘭克的《安妮日記》(*Diary of Young Girl*，Bantam Books，1993)、亨利·米勒(Henry Miller)的《冷氣惡夢》(*The Air Conditioned Nightmare*，New Directions，1970)和其他數十本書。我的目標是要內化第一人稱敘事的優點，並避免回憶錄中常見的缺點。崔西·基德和他的編輯理查·陶德(Richard Todd)也出版了《好文筆：非虛構寫作的藝術》(*Good Prose: The Art of Nonfiction*，Random House，2013)一書，出版時機堪稱完美，是我在修改本書第二版草稿時的晚間讀物。

我深深感謝以上作家，這些作品影響本書甚多。

致謝

感謝 Matt Mullenweg 和 Toni Schneider 允許我進行撰寫本書的計畫，Genoveva Llosa 和 Susan Williams 對於一個在敘事角度上冒險的計畫，所擁有的反骨信心，以及他們反傳統的選擇，也值得獲得掌聲。感謝 John Maas、Mary Garrett、Bev Miller 把一切拼在一起，也要向英文版書封設計師 Adrian Morgan 脫帽致敬，他的作品非常聳動，幹得真好！

誠摯感謝 Faisal Jawdat、Kav Latiolais、Richard Stoakley、Mike Adams、Beau Lebens、Andy Peatling、Matt Mullenweg、Toni Schneider 為初期的草稿提供真摯的回饋，也要感謝 Andrew Nacin、Jason Cohen、Andrea Middleton、Nöel Jackson、Paul Kim、Tom Preston-Warner 讓我訪問他們，分享對於 WordPress、Automattic、遠距工作的觀點。

謝謝所有和我共事的 Automattician 們，他們熱情地追求對優質工作的理想。

也感謝 Tracy Kidder、Ted Conover、George Orwell、Alain De Botton 帶來的靈感及啟發。

榮耀歸於我的經紀人 David Fugate，他會各種魔法，還有迷人的腳踏實地。

我撰寫本書時聽的音樂如下：Audioslave、Cat Powers、Elizabeth and the Catapult、Joe Giant、The Kills、Tift Merrit、貝多芬、穆索斯基、The Ramones、The Clash, The Pogues、Flogging Molly、Sera Cahoone、Johnny Cash、Hank Williams、Bruce Springsteen、Cake、Kaiser Cartel、White Stripes、Rollins Band、Black Flag。

索引

A

貝瑞・亞伯拉罕森（Barry Abrahamson）

麥克・亞當斯（Mike Adams）

人物介紹、開發 Publicize 功能、發展領導力技巧、協助設計社交團隊、在雅典筆電出問題、舊金山迷你團隊聚會、波特蘭團隊聚會、取代作者成為團隊組長、在團隊中扮演的角色、開發 Highlander 開發 IntenseDebate、開發 Jetpack

各類建議

給勃肯的新人建議、給人建議 VS 傾聽建議、建議悖論、引進團隊制度

Akismet

尚恩・安德魯斯（Shaun Andrews）

蘋果的麥金塔專案

約恩・雅斯穆森（Joen Asmussen）

希臘雅典

參見社交團隊聚會（希臘雅典）條目

Automattic

收購提案、不斷改變的氛圍、對安全措施的態度、聘僱作者、董事會議、持續成長及成功、創意不會受輔助侵犯、身為受數據影響的公司、舊金山總部相關描述、與 WordPress 及 WordPress.com 之間的差異、將員工分為不同團隊、創立及早期歷史、聘僱流程、長遠願景、行銷、最小摩擦力、問題管理、促進言論自由、帶回工作的意義、對大型專案的看法、工作流程、不在乎工作地點

Automattic 文化

討厭收入、混亂、錄取信中的宗旨作為文化的證明、專注在人，而非過程、未來企業、拒絕階層制度、表達節慶精神、幽默

Automattic 文化（續）

漸進式專案、不拘小節、麥特作為文化促進者、沒有薪水或升遷政策、悖論、正面跡象、成果至上作為重要元素、員工間的社交、重要價值、遠距工作成功的原因

Automattician

背景及技能、使用的合作工具、在專案間流動頗為普遍、薪水、定義、工作情況相關描述、工作滿意度、新人適應遠距工作、品質保證責任、自立自強又充滿熱情、離職率、工作地點

B

丹尼爾・巴楚伯（Daniel Bachhuber）

尼古萊・巴臣斯基（Nikolay Bachiyski）

雨果・貝塔（Hugo Baeta）

人物介紹、適應 Automattic 的工作方式、加入社交團隊、里斯本團隊聚會、波特蘭團隊聚會、改善 NASCAR 功能

拉南・巴爾—克恩（Raanan Bar-Cohen）

Basecamp

喬北峰（Joe Belfiore）

史考特・勃肯（Scott Berkun）

人物介紹、抵達雅典參加團隊聚會、在 Automattic 的優勢及限制、在布達佩斯公司年會分配到後後現代主義團隊、和團隊發表「重要談話」、把對公司的觀察用電子郵件寄給麥特、穆倫維格、從 Automattic 離職、發表領導社交團隊的演講、受 Automattic 雇用、在印度體驗到缺少安全措施、缺乏寫程式技巧如何管理程式設計師、微軟歲月、客服工作受到追蹤、P2、舊金山總部的面對面互動、海濱鎮公司年會、客服工作受訓、使用 WordPress、工作情況、開發 Highlander、開發 Hovercards 專案、遠距工作 VS 面對面互動

荷赫・伯納（Jorge Bernal）

雪莉・畢格羅（Sheri Bigelow）

腳踏車棚問題

菲利普・布萊克（Phillip Black）

Blacksmith Capital

Blogger（軟體）

部落格

從吸引人到逐漸放棄、WordPress.com 上的數量、作者部落格上有關遠距工作的民調、不在 WordPress.com 上的 Wordpress，也可參見 P2 條目

Bluehost

萊恩・勃倫（Ryan Boren）

破窗理論

安東尼・布別（Anthony Bubel）

布達佩斯

參見公司年會（布達佩斯）條目

BuddyPress

錯誤：修復錯誤程序

中央社交局

C

Cafelog

船貨崇拜

《大教堂與市集》（The Cathedral and the Bazaar，艾瑞克・雷蒙（Eric Raymond）著）

星期貓

混亂

螞蟻、作者的調整、公司年會相關、歡迎來到混亂

清晰

CNET.com

合作工具

集體

回覆專案

溝通

清晰、實驗新工具、選擇工具的自由、Automattic 使用的方法、一切公開透明，也可參見個別溝通方式之條目

公司年會（布達佩斯）

作者針對領導社交團隊的演講、實驗、後後現代主義團隊專案

公司年會（佛羅里達州海濱鎮）

作者抵達、海濱鎮相關描述、全體員工團照、非正式的社交、二〇一年八月公司大會提及、和一般的增能活動及移地訓練比較、社交團隊合作開發 Hovercard 專案、工作流程

薪水

東尼・康拉德（Tony Conrad）

持續部署

Copyleft

共同工作空間

馬修・柯勞佛（Matthew Crawford）

創意摩擦

開發部門

發布的必要性、使其不受輔助部門侵犯、碎念時使用幽默

文化

吸引享有共同價值的員工、對增能活動及移地訓練的影響、聘用時必須相符的重要性、問題管理方式作為文化的顯現、由公司掌權者的行為形塑、缺乏謹慎考量就直接套用管理技巧、傳統作為文化的元素、影響工具的價值，也可參見 Automattic 文化和 WordPress 文化條目

客服

雅典地鐵系統 VS Automattic、在微軟受到監聽、員工的權力，也可參見快樂團隊條目

D

日常開發

數據

Automattic 和其關係、MC 回報系統、悖論、在決策中扮演的角色、陷阱、聲音數據

Data General

羅伯特・S・戴維斯（Robert S. Davis）

死線

缺乏、在 SXSW 大會發布 Jetpack、短期死線對團隊合作的影響、寫作時

《偉大城市的誕生與衰亡：美國都市街

道生活的啟發》（The Death and Life of Great American Cities，珍‧雅各（Jane Jacobs）著）

決策

深潛技巧

防禦性管理

言論自由

系統設計
複雜的 WordPress、先開發使用者介面、對成功的影響、需要一致的願景

Dogpatch Labs

理查‧丹肯（Richard Donkin）

安妮‧朵曼（Anne Dorman）

加倍下注

DreamHost

E

EMACS

電子郵件
Automattic 的溝通、缺點、不強制使用、通知部落格主新回覆、通知部落格主新訂閱、寄給麥特‧穆倫維格的公司觀察、和 P2 一起使用、WordPress.com 的支援

電郵症候群

情緒

Expensify

實驗
作者的實驗使命、對表現的好處、布達佩斯公司年會、重要性、害怕新構想、夏威夷團隊聚會、新溝通工具、引進團隊制度、團隊聚會提供的機會、團隊和團隊組長

F

面對面互動
作者的喜好、作者的舊金山之旅、團隊聚會的成本、舊金山迷你團隊聚會、必要性

回饋

跟著太陽走

澤‧方騰哈斯（Ze Fontainhas）

瓊‧福克斯（Jon Fox）

摩擦力

功能性

工作大未來
開發部門 VS 輔助部門、專注成果 VS 專注傳統、不可預測性、遠距工作越發盛行、有意義的工作、自立自強又充滿熱情的員工

G

通用公共授權條款（GPL）

威廉‧吉布森（William Gibson）

GitHub

GoDaddy

Google

Google 文件試算表

Google Hangouts

Gravatar

葛里茲（Griz，狗狗）

H

快樂工程師（HE）

朗‧哈斯坦（Ran Harstein）

夏威夷

參見社交團隊聚會（夏威夷）條目

Highlander
常見的專案名稱、決定負責、發布、工作地圖、統一 WordPress.com 回覆功能的專案、成功、暫時擱置、工作在雅典展開、波特蘭團隊聚會的開發過程

聘用程序
測試專案、聘用自立自強又充滿熱情的員工、必須和文化相符的重要性、缺乏公開透明、遠距、作者的特別經驗、使用聲音

傑瑞・賀許堡（Jerry Hirshberg）
麥克・賀許蘭（Mike Hirshland）
《工作大歷史》（The History of Work，理查・丹肯（Richard Donkin）著）
HostGator
主機公司
厄勒克特拉飯店
參見參見社交團隊聚會（希臘雅典）條目

幽默
作為社交團隊文化的元素、開會最後一個到的內部笑話、烏佐酒內部笑話、長褲內部笑話、團隊的中央社交局綽號、用來碎念團隊成員

I

IBM
IDEO
創新
複雜的工作流程帶來的阻礙、需要開發和輔助的平衡、需要的摩擦力程度

IntenseDebate
收購、相關描述、評估程式碼、團隊成員的地理分布使工作變得更複雜、李本斯的貢獻、迷你團隊會面以提升動機、事後檢討、進展緩慢、投入兩個禮拜改善

Internet Explorer
網際網路傳輸聊天（IRC）
Automattic 的溝通、對客服工作的幫助、使用時可以得知的同事資訊、功能發布之前在上面分享的修正檔、用於開會

J

Jabber
諾埃爾・傑克森（Nöel Jackson）
A・J・賈各布斯（A. J. Jacobs）
珍・雅各（Jane Jacobs）
約翰・雅各比（John Jacoby）
莫・珍達（Mo Jangda）
Jetpack
其他協助開發的 Automattician、開發時的擔憂、初期開發、在 SXSW 大會發布、工作地圖、.org 連結的濫觴、紐約後的開發、成功、紐約團隊聚會期間的開發

史帝夫・賈伯斯（Steve Jobs）

K

法蘭茲・卡夫卡（Franz Kafka）
看板（Kanban）
迪米崔厄斯・凱利（Demitrious Kelly）
關鍵績效指標（KPI）
以薩克・基葉特（Isaac Keyet）
崔西・基德（Tracy Kidder）
保羅・金（Paul Kim）
史岱方諾斯・柯佛普洛斯（Stefanos Kofopoulos）
達瑞爾・庫柏史密斯（Daryl Koopersmith）

L

發布公告
發布
因為持續部署相當頻繁、Highlander、SXSW 大會上的 Jetpack

發布（續）

作為 Automattic 工作流程中的步驟、後後現代團隊在布達佩斯公司年會上、社交團隊的程序、兩週工作循環的影響

領導力
影響成敗的狀況、繼承計畫
包‧李本斯（Beau Lebens）
人物介紹、雅典團隊聚會、創立社交團隊 P2、發展領導力技巧、舊金山面對面談話、上工第一天 Skype 對話、處理故障的 LinkedIn 連結問題、舊金山迷你團隊聚會、波特蘭團隊聚會、海濱鎮公司年會、建議從其他 P2 學習的方式、擔任團隊組長、開發 Highlander、開發 IntenseDebate、開發 Jetpack、開發 NASCAR

按讚通知功能
LinkedIn
和 WordPress.com 故障的連結
葡萄牙里斯本
參見社交團隊聚會（葡萄牙里斯本）條目

清單
作者在 Automattic 的優勢及限制、透過製作清單理清思緒、Jetpack 專案、作社交團隊處理問題的方式
麥克‧立托（Mike Little）
《小王子》（The Little Prince，聖修伯里（Saint-Exupéry）著）
永續發展
作為 WordPress 工作準則的重要元素

M
列清單（ML）
管理
大教堂風格與客服、防禦性管理、帶來的摩擦力程度、專案進度緩慢時的選項、缺乏寫程式技巧如何管理程式設計師、在短期和長期思維間轉換、作為 Automattic 的輔助角色、對文化缺乏謹慎考量就直接套用技巧，也可參見團隊組長條目

「管理上級」
《敏捷軟體開發宣言》（Manifesto for Agile Software Development）

萊恩‧馬克爾（Ryan Markel）
行銷
「麥特轟炸」
瑪麗莎‧梅爾（Marissa Mayer）
意義
Media Temple
會議
使用 IRC、移地訓練或增能活動、Automattic 的非正式風格、簡短、聲音，也可參見公司年會、社交團隊聚會、公司大會條目
能力至上，作為 WordPress 工作準則的重要元素（第四章註四）

標準
客服工作、依賴的缺點、問題發生率 VS 問題修復率、衡量程式設計師的產能

微軟
作者離職、作者開發 Internet Explorer、刻意減少專案團隊人數、跟著太陽走工作分配策略、摩擦力作為大型團隊的一部分、Highlander 專案名稱的笑話、面試問題、監聽客服來電、作者的新職位、發布相關、漸進式開發
艾力克斯‧米爾斯（Alex Mills）
言論自由的使命
任務控制系統（MC）
尼克‧芒里克（Nick Momrik）
金錢
Automattic 的文化排斥、小孩乞討、薪水、對穆倫維格來說作為動機、WordPress.com 的財源

監控
客服工作、監聽客服來電、P2
提姆‧摩爾（Tim Moore）
動機
Movable Type
麥特‧穆倫維格（Matt Mullenweg）
雅典團隊聚會、作者離職、作者用電子郵件寄給他的公司觀察、Automattic 董事會議、有關快樂團隊客服訓練的對話、數據作為思考的一部分、開發 WordPress、作為文化促進者、創立 Automattic、聘僱作者、主持公司大會、

Jetpack 相關、在舊金山和作者會面、線上 VS 當面、閱讀 P2 的方式、P2 及 Skype 貼文、權力和名氣、回報故障的 LinkedIn 連結問題、扮演的角色、將 Automattic 員工分為不同團隊、拍攝公司團照

N

曼蒂・奈妲（Mandi Nadel）

NASCAR 功能

網景

Network Solutions

紐約

參見社交團隊聚會（紐約）

99designs

《拒絕渾蛋守則》（The No-Asshole Rule，羅伯・蘇頓（Robert Sutton）著）

O

唐查・歐奎夫（Donncha O'Caoimh）

Oddpost

移地訓練，和 Automattic 的會議比較

開源

作者的相關經驗、小市集思維、作為 Automattic 的中心宗旨、作為 WordPress 的中心宗旨、錯誤修復、IRC，也可參見 WordPress 條目

開源授權條款

.org 連結

也可參見 Jetpack 條目

組織架構

從扁平轉為團隊制度

P

P2

優點、作者的觀察、Automattic 的溝通、缺點、和電子郵件一起使用、用於組內溝通、使用方法、從其他人身上學習、Money P2、穆倫維格的貼文、名稱緣起、問題管理、Updates P2，也可參見社交團隊 P2 條目

長褲的內部笑話

帕金森的瑣碎法則

參與式報導

帕斯卡（Blaise Pascal）

熱情

修正檔

安迪・皮特林（Andy Peatling）

人物介紹、里斯本團隊聚會、遠距參與舊金山迷你團隊聚會、波特蘭團隊聚會、海濱鎮公司年會、有關 P2 上的組內溝通、更新 P2 首圖、開發 Highlander、開發 IntenseDebate

計劃

大教堂思維 VS 小市集思維、夏威夷團隊聚會的遊戲、所需的時間、規劃 Highlander 及 Jetpack

玩樂

雅典團隊聚會期間、作為社交團隊文化的元素、夏威夷團隊聚會期間、和工作之間缺乏差異、從其中認識自己和他人、里斯本團隊聚會期間、紐約團隊聚會期間、波特蘭團隊聚會期間

Polaris Partners

奧勒岡州波特蘭

參見社交團隊聚會（奧勒岡州波特蘭）條目

權力

文化是由掌權者形塑、客服人員的權力、Automattic 這類公司賦予個別員工的權力、精簡工作流程

隱私

客服工作相關、公開 P2、Skype 對話

問題管理

Automattic 的程序、破窗理論

問題解決

程式設計師

重要性、缺乏寫程式技巧如何管理、評估產能、自願者

專案

逃避大型專案和醜專案、布達佩斯公司年會的實驗、最難的事留到最後、漸進式思維、對大型專案缺乏支持

Publicize 功能

Q

品質保證

R

艾瑞克‧雷蒙（Eric Raymond）

The Reader

重構

遠距工作

參見遠距工作條目
馬汀‧雷米（Martin Remy）
凱莉‧瑞斯勒（Cari Ressler）

成果

成果至上的文化、由成果判斷能力

成果至上工作環境（ROWE）

增能活動

和 Automattic 的會議比較

收入

Automattic 的文化排斥、WordPress.com 的財源、穆倫維格不願追求、WordPress.com 商店

華盛頓‧羅布林（Washington Roebling）

哈妮‧羅絲（Hanni Ross）

莎拉‧蘿索（Sara Rosso）

S

安東尼奧‧德‧聖修伯里（Antoine de Saint-Exupéry）

舊金山

作者的十月行、Automattic 總部、住在此地的 Automattician、迷你團隊聚會、公司大會直播

行程表

Automattician、由行銷部門決定、缺乏行程表、試算表

東尼‧史奈德（Toni Schneider）

人物介紹、共同主持舊金山的公司大會、持續部署、以 Automattic 執行長身分加入公司、住在舊金山、管理部門作為輔助角色、定期和穆倫維格見面、將 Automattic 員工分為不同團隊

喬瑟夫‧史考特（Joseph Scott）

敏捷式管理（SCRUM）

佛羅里達州海濱鎮

參見公司年會（佛羅里達州海濱鎮）條目

自行運作版本

自行測試版本

自行燒焦版本

發布

大教堂思維 VS 小市集思維、未完成的工作、管理者的重視、微軟的 IE 團隊、兩週工作循環的影響、WordPress.com

《摩托車修理店的未來工作哲學》（Shop Class as Soulcraft，馬修‧柯勞佛〔Matthew Crawford〕著）

賈斯汀‧史里夫（Justin Shreve）

安迪‧史凱爾頓（Andy Skelton）

Skype

使用上的優點、Automattic 的溝通、使用時可以得知的同事資訊、手動輸入聯絡人資訊、檢討試算表的會議、Skype 私聊

伊凡・所羅門（Evan Solomon）

《打造天鷹》（The Soul of a New Machine，崔西・基德〔Tracy Kidder〕著）

Sphere

安德魯・史皮托（Andrew Spittle）

行程表用的試算表

理查・史托曼（Richard Stallman）

Stats 外掛程式

《禁止網路盜版法案》（Stop Online Piracy Act）

訂閱通知功能

繼承計畫

輔助部門

不應侵犯開發部門、管理相關，也可參見客服條目
羅伯・蘇頓（Robert Sutton）

休・蘇頓（Hew Sutton）

SXSW 大會

Jetpack 發布

T

Akismit 團隊

數據團隊

快樂團隊

作者的客服工作受訓、錯誤管理、定義、工作受到監控、注重票券、專案構想來源

維護團隊

團隊組長

亞當斯、為地理分布廣闊的團隊成員分配工作、由外人擔任的實驗、作為 Automattic 史上第一個階層制度、在雅典團隊聚會的任務、李本斯、「管理上級」的責任、布達佩斯公司年會的演講、Automattic 董事會上的報告

NUX（全新使用者體驗）團隊

Polldaddy 團隊

後後現代主義團隊

社交團隊

拍攝公司團照時遲到、作者領導本團隊的演講、「○○中的○○」照片、開發按讚及訂閱通知功能、中央社交局、第一次團隊會議、第一次團隊語音會議、處理故障的 LinkedIn 連結、幽默作為重要元素、工作、發布程序、團隊成員、團隊 P2、問題管理程序、團隊組長的角色、工作方法、在公司年會期間開發 Hovercard 專案、工作行程表，也可參見 Highlander、IntenseDebate、Jetpack 條目

社交團隊聚會（希臘雅典）

作者抵達雅典、討論是否負責 Highlander 專案、Automattic 史上第一次團隊聚會、小孩乞討事件、穆倫維格作為文化促進者、帕德嫩神廟的啟發、玩樂行程、結束後的短暫休息、發布小功能、開發 Highlander、在厄勒克特拉飯店大廳工作

社交團隊聚會（夏威夷）

實驗、玩樂行程、團隊組長繼任人選挑選及實施

社交團隊聚會（葡萄牙里斯本）

決定時間地點、實驗、團隊規模擴大、玩樂行程、獲得回饋的傳統

社交團隊聚會（紐約）

玩樂行程、公司大會直播、開發 Jetpack

社交團隊聚會（奧勒岡州波特蘭）

事前會議、玩樂行程、居住地點、開發 Highlander

社交團隊迷你聚會（舊金山）

社交團隊 P2

創立、第一篇貼文、首圖更新、IntenseDebate 事後檢討、新照片和新團隊名稱、長褲的內部笑話

Titan 團隊

Vaultpress 團隊

VIP 團隊

團隊

小規模的優點、作者的領導經驗、各團隊不同的錯誤管理方式、選擇的合作工具、員工分組、布達佩斯公司年會的實驗、摩擦力作為大型團隊的一部分、彼此協助、地理分布廣闊、也可參見個別團隊之條目

Textpattern

佈景主題團隊

思維

鼓勵對於 WordPress 整體思維的嘗試、發布上的大教堂 VS 小市集思維、客服上的大教堂思維、漸進式、Automattic 的永續思維、在短期和長期思維間轉換

麥特・湯瑪斯（Matt Thomas）

裘蒂・湯普森（Jody Thompson）

票券

作者的工作、作爲客服工作的重點、相關工作受到監控

公司大會

二〇一〇年八月（舊金山）、二〇一一年二月（紐約）

TRAC（錯誤資料庫）

傳統

「〇〇中的〇〇」照片、作爲工作空間文化的元素、在團隊聚會中獲得回饋、工作之所以嚴肅又無意義

訓練

公開透明

溝通、作爲 WordPress 哲學的重要元素

True Ventures

信任

對團隊的重要性、管理團隊的必要性、耐心作爲信任的顯現、某種程度上的遠距工作

T 型人才

Tumblr

U

Updates P2

使用性

使用者介面

WordPress 的很複雜、優先設計、Highlander、Jetpack、後後現代主義團隊做出的改善

V

休假政策

米歇爾・沃德吉（Michel Valdrighi）

價值

Valve（遊戲公司）

馬蒂亞斯・文圖拉（Matías Ventura）

創投公司（VC）

聲音

W

湯姆・普雷斯頓・華納（Tom Preston Warner）

彼得・魏斯特伍德（Peter Westwood）

蘭斯・威列特（Lance Willett）

WordCamp

WordPress

作者的使用經驗、Automattic 的持續投資、創立公司以確保未來發展、複雜的設計、複雜的使用者介面、相關發展、與 WordPress.com 及 Automattic 之間的差異、爲了減少部落格閒置所開發的功能、人氣成長、使命、開源作爲中心宗旨

WordPress 文化

發展及傳播、背後的工作準則、自願主義作爲重要元素

WordPress.com

背景介紹、和 LinkedIn 之間故障的連結、與 WordPress 及 Automattic 之間的差異、成長、網頁上的節慶氛圍、發布、伺服器所在地點、行銷、上面的部落格數量、每日發布、首頁的註冊按鈕換邊、商店、收入流、遠距工作作爲常態、也可參見 Highlander 條目

工作

共同工作空間、Automattician 相關描述

工作（續）

其中的意義、Automattic 的工作流程、正職工作的壓力，
也可參見工作大未來條目

遠距工作

所需的調整、作者的意見、Automattician 的滿意度、過
程間的溝通、通勤、和同事的連結、越發盛行、作爲某種
信任、工作地點選項、誤解、對公司沒有經濟上的優點、
作爲 WordPress.com 的常態、作者部落格的讀者民調、
所需的心理狀況

寫作

和正職工作相比的優點、寫書 VS 客服票券、離開
Automattic 專心寫作、WordPress 扮演的角色

Writing Helpers

亞當斯密 029

不穿褲子的一年：
WordPress.com 遠距團隊幕後及工作未來
The Year Without Pants: WordPress.com and the Future of Work

作　　者｜史考特‧勃肯（Scott Berkun）
譯　　者｜楊詠翔

堡壘文化有限公司

總 編 輯｜簡欣彥　　　　　副總編輯｜簡伯儒　　　　　責任編輯｜倪玼瑜
行銷企劃｜黃怡婷　　　　　封面設計／內頁構成｜IAT-HUÂN TIUNN

出　　版｜堡壘文化有限公司
發　　行｜遠足文化事業股份有限公司（讀書共和國出版集團）
地　　址｜231 新北市新店區民權路 108-3 號 8 樓
電　　話｜02-22181417　　　傳　　眞｜02-22188057
Ｅｍａｉｌ｜service@bookrep.com.tw
郵撥帳號｜19504465 遠足文化事業股份有限公司
法律顧問｜華洋法律事務所　蘇文生律師
印　　製｜呈靖彩藝有限公司
初版 1 刷｜2023 年 9 月　　　定　　價｜新臺幣 550 元
ＩＳＢＮ｜978-626-7240-96-0（平裝）
　　　　　978-626-7240-97-7（Pdf）
　　　　　978-626-7240-98-4（Epub）

國家圖書館出版品預行編目 (CIP) 資料

不穿褲子工作的一年：WordPress.com 遠距團隊幕後及工作未來 / 史考特 . 勃肯 (Scott Berkun)
作；楊詠翔譯 . -- 初版 . -- 新北市：堡壘文化有限公司出版：遠足文化事業股份有限公司發行，
2023.09　面；　公分 . -- (亞當斯密；29)
譯自：The year without pants : WordPress.com and the future of work.
ISBN 978-626-7240-96-0(平裝)
1.CST: 企業管理 2.CST: 電子辦公室
494　　　112012607